디오판토스가 들려주는 일차방정식 이야기

**수학자가 들려주는 수학 이야기 13**

# 디오판토스가 들려주는 일차방정식 이야기

초판 1쇄 발행일 | 2008년 3월 27일
초판 33쇄 발행일 | 2024년 2월 1일

지은이 | 송륜진
펴낸이 | 정은영

펴낸곳 | (주)자음과모음
출판등록 | 2001년 11월 28일 제2001-000259호
주소 | 10881 경기도 파주시 회동길 325-20
전화 | 편집부 (02)324-2347, 경영지원부 (02)325-6047
팩스 | 편집부 (02)324-2348, 경영지원부 (02)2648-1311
e-mail | jamoteen@jamobook.com

ISBN 978-89-544-1554-5 (04410)

수학자가 들려주는 수학 이야기

13

# 디오판토스가 들려주는

# 일차방정식 이야기

| 송 륜 진 지음 |

㈜자음과모음

# 수학자라는 거인의 어깨 위에서
# 보다 멀리, 보다 넓게 바라보는 수학의 세계!

수학 교과서는 대개 '결과'로서의 수학을 연역적으로 제시하는 경향이 강하기 때문에 학생들은 수학이 끊임없이 진화해 왔다는 생각을 하기 어렵습니다. 그렇지만 수학의 역사는 하나의 문제가 등장하고 그에 대해 많은 수학자가 고심하고 이를 해결하는 가운데 새로운 아이디어가 출현해 온 역동적인 과정입니다.

〈수학자가 들려주는 수학 이야기〉 시리즈는 수학 주제들의 발생 과정을 수학자들의 목소리를 통해 친근하게 이야기 형식으로 들려주기 때문에 학생들이 수학을 '과거 완료형'이 아닌 '현재 진행형'으로 인식하는 데 도움이 될 것입니다.

학생들이 수학을 어려워하는 요인 중 하나는 '추상성'이 강한 수학적 사고의 특성과 '구체성'을 선호하는 학생들 사고 사이의 괴리입니다. 이런 괴리를 줄이기 위해 수학의 추상성을 희석시키고 수학의 개념과 원리에 구체성을 부여하는 것이 필요한데, 〈수학자가 들려주는 수학 이야기〉는 수학 교과서의 내용을 생동감 있게 재구성함으로써 추상적인 수학을 구체성을 갖는 수학으로 변모시키고 있습니다. 또한 중간중간에 곁들여진 수학자들의 에피소드는 자칫 무료해지기 쉬운 수학 공부에 윤활유 역할을 해 줍니다.

〈수학자가 들려주는 수학 이야기〉의 구성을 보면 우선 수학자의 업적을 개략적으로 소개하고, 6~9개의 수업을 통해 수학의 내적 세계와 외적 세계, 교실의 안과 밖을 넘나들며 수학의 개념과 원리들을 소개한 뒤, 마지막으로 수업에서 다룬 내용들을 정리합니다. 따라서 책의 흐름을 따라 읽다 보면 각 시리즈가 다루고 있는 주제에 대한 전체적이고 통합적인 이해를 할 수 있을 것입니다.

〈수학자가 들려주는 수학 이야기〉는 학교에서 배우는 수학 교과 과정과 긴밀하게 맞물려 있으며, 전체 시리즈를 통해 학교 수학의 많은 내용을 다룹니다. 예를 들어 《라이프니츠가 들려주는 기수법 이야기》는 수가 만들어진 배경, 원시적인 기수법에서 위치적인 기수법으로의 발전 과정, 0의 출현, 라이프니츠의 이진법에 이르기까지 기수법에 관한 다양한 내용을 다루고 있는데, 이는 중학교 1학년 수학 교과서의 기수법 내용을 충실히 반영합니다. 따라서 〈수학자가 들려주는 수학 이야기〉를 학교 수학 공부와 병행하여 읽는다면 교과서 내용을 보다 빨리 소화, 흡수할 수 있을 것입니다.

뉴턴은 '만약 내가 멀리 볼 수 있었다면 거인의 어깨 위에 앉았기 때문이다'라고 했습니다. 과거의 위대한 사람들의 업적을 바탕으로 자기 앞에 놓인 문제를 보다 획기적이고 효율적으로 해결할 수 있었다는 말입니다. 학생들이 〈수학자가 들려주는 수학 이야기〉를 읽으면서 위대한 수학자들의 어깨 위에서 보다 멀리, 보다 넓게 수학의 세계를 바라보는 기회를 갖기 바랍니다.

홍익대학교 수학교육과 교수 | 《수학 비타민》 저자 박 경 미

# 세상 진리를 수학으로 꿰뚫어 보는 맛
# 그 맛을 경험시켜주는 '일차방정식' 이야기

일차방정식은 그 오랜 역사에서도 알 수 있듯이 우리의 생활과 매우 밀접하게 연관되어 있습니다. 때로는 인식하지 못하기도 하지만 일차방정식은 일상생활에서 발생하는 여러가지 문제들을 합리적으로 해결하게 하는 강력한 도구입니다.

그러나 많은 학생들이 방정식이 담고 있는 개념이나 의미를 충분히 이해하지 못하고 기계적으로 문제를 푸는 경우가 많습니다. 또한 방정식과 함수와의 관계, 연립방정식과 직선의 방정식과의 관계, 실생활에의 적용, 미지수가 여러 개로 확장되는 연립방정식, 문자의 차수가 확장되는 방정식들 사이의 관계 등 수학과 다른 내용과의 연계성을 잘 파악하지 못하는 경우도 있습니다.

그래서 저는 먼저 이 책을 통해 학생들에게 일차방정식에 관한 풍부한 읽을거리를 제공해 주고자 하였습니다. 아주 오래 전의 사람들이 방정식을 사용했던 많은 사례들은 그것이 얼마나 실생활과 밀접하게 연관되어 있는가를 보여줍니다. 또한 선조들의 지혜로운 방정식 풀이 방법을 살펴보면서 그들의 뛰어난 수학적 사고력과 직관력 등을 배우고, 그들과 같은 수학적 감각을 기르는 데 게을리하지 말아야겠다는 생각도 전해 주고 싶었습니다.

또한 일차방정식, 연립일차방정식의 개념을 확고히 하고 풀이 방법이나 꼭 알고 있어야 하는 성질 등을 잘 이해할 수 있도록 자세하게 설명하였습니다.

마지막으로 저는 이 책을 통해 일차방정식의 미지수가 한 개에서 두 개, 세 개,$\cdots$, $n$개로 확장되는 과정을 자연스럽게 이해되도록 소개하였습니다. 수학을 배우는 묘미 중 하나는 어떤 하나의 개념이 점차 확장되어 다양한 경우에도 적용 가능한, 일반화된 이론을 도출하는 것입니다. 이러한 관점에서 학생들이 수학자와 같이 점진적으로 사고를 확장해 보는 것도 의미있는 경험이 될 것이라고 생각하며 집필하였습니다.

현재의 수학 교육 과정에서는 한 학년 안에 다른 기하, 대수, 통계 등의 내

용이 복합적으로 포함되어 있습니다. 그래서 만약 일차방정식을 학습한다면, 그 내용을 조각조각 나누어 초·중·고 과정에 두루 걸쳐 배우게 되는 것입니다. 이러한 방법은 자신의 수준에 맞게 배우고 점차 어려운 내용으로 진행하며 반복 학습을 할 수 있다는 장점이 있습니다. 그러나 일차방정식이라는 큰 관점에서 전체를 수직적으로 살펴보기는 힘들다는 단점도 있습니다. 따라서 저는 이 책을 통해 일차방정식이라는 큰 주제를 기준으로 초등학교의 내용부터 고등학교 혹은 대학 수준까지의 내용을 수직적으로 살펴보고자 하였습니다.

수학을 좋아하고 열심히 공부하는 학생들에게 이 책이 많은 도움이 되기를 바랍니다.

2008년 3월 송 륜 진

## 차례

# 1 이 책은 달라요

《디오판토스가 들려주는 일차방정식 이야기》는 대수학의 아버지라고 불리는 수학자 디오판토스가 등장하여 학생들에게 일차방정식을 가르쳐주는 형식으로 전개됩니다. 수학에서 문자를 사용한 식이 등장하면서 내용이 형식화·추상화 되는데, 학생들은 그러한 과정에서 많은 어려움을 겪게 됩니다. 그러나 이때가 바로 수학적으로 한 단계 더 성장하는 중요한 시기라고 할 수 있습니다.

《디오판토스가 들려주는 일차방정식 이야기》에서는 문자가 사용된 식의 개념과 사용 방법, 규칙 등을 먼저 소개하면서 탄탄한 기초를 다질 수 있도록 도와줍니다. 일차방정식의 개념, 풀이 방법, 실생활에서 적용하는 방법 등을 이야기 형식으로 설명하여, 학생들이 쉽게 이해하며 따라올 수 있도록 소개하고 있습니다. 또한 일차방정식이 역사적으로 어떻게 사용되었는지, 그 풀이 방법은 어떤지 등 수학사적으로 고찰하여 학생들이 풍부한 수학적 배경을 가질 수 있도록 여러 가지 읽을거리를 제공하고 있습니다. 그리고 소개된 중요한 내용을 체계적으로 학습할

수 있도록 중요한 학습 내용을 정리하였습니다.

　일차방정식은 형식적 수학을 시작하게 되는 중요한 과정이라고 할 수 있고, 이후 여러 수학적 개념을 학습할 때 초석이 되는 내용이므로 《디오판토스가 들려주는 일차방정식 이야기》를 통해 일차방정식의 개념과 풀이 방법, 실생활에서 적용하는 방법 등을 잘 학습하여 수학적 힘을 기르는 데 도움을 주고자 합니다.

## 2 이런 점이 좋아요

1 일차방정식의 개념을 잘 형성할 수 있도록 풍부한 예제를 제시하고, 이야기 형식으로 쉽게 설명하였으며, 핵심 내용을 정리하여 학생들이 쉽게 이해하고 기억할 수 있도록 하였습니다.

2 수학사적 고찰, 에피소드, 실생활에 적용된 예제, 그래프적 의미 등 다양한 수학적 자료를 제공하여 학생들이 풍부한 수학적 배경을 이해할 수 있도록 하였습니다.

3 일차방정식을 학습하기 위해 '문자가 사용된 식'에서부터 미지수

가 2개, 3개, 그 이상인 방정식계system of equations까지 확장하여 깊이 있는 학습이 이루어질 수 있도록 하였습니다. 그래서 초등학교 4–5학년 학생부터 고등학교 2–3학년 혹은 그 이상의 학생들이 읽고 그 개념을 학습할 수 있도록 구성하였습니다.

## 3 교과 과정과의 연계

| 구분 | 단계 | 단원 | 연계되는 수학적 개념과 내용 |
|------|------|------|------------------------------|
| 초등학교 | 1-나 | 문제 푸는 방법 찾기 | □를 사용한 식<br>문제를 실제로 해 보기, 그림 그리기,<br>식 만들기 등으로 해결하기 |
| | 2-가 | 문제 푸는 방법 찾기 | □의 값 구하기, 식에 알맞은 문제 만들기 |
| | 2-나 | 문제 푸는 방법 찾기 | 문제를 식 만들기, 미지항 구하기, 표 만들기,<br>거꾸로 풀기 등 여러 가지 방법으로 해결하기 |
| | 3-나 | 문제 푸는 방법 찾기 | 문제를 규칙 찾기, 예상과 확인하기 등<br>여러 가지 방법으로 해결하기<br>문제 해결의 과정 실행하기 |
| | 4-가 | 문제 푸는 방법 찾기 | 문제를 단순화하기 등 여러 가지 방법으로 해결하기 |
| | 4-나 | 문제 푸는 방법 찾기 | 다양한 문제를 적절한 방법으로 해결하기 |
| | 5-가 | 문제 푸는 방법 찾기 | 다양한 문제를 적절한 방법으로 해결하기 |
| | 5-나 | 문제 푸는 방법 찾기 | 문제 해결의 여러 가지 방법을 비교하여<br>적절한 방법 선택하기 |
| | 6-가 | 문제 푸는 방법 찾기 | 문제 해결의 여러 가지 방법을 비교하여<br>적절한 방법 선택하기 |
| | 6-나 | 문제 푸는 방법 찾기 | 문제 해결의 여러 가지 방법을 비교하여<br>적절한 방법 선택하기 |

| 구분 | 단계 | 단원 | 연계되는 수학적 개념과 내용 |
|---|---|---|---|
| 중학교 | 7-가 | 방정식 | 문자의 사용, 식의 값, 일차식의 계산<br>일차방정식과 그 해, 등식의 성질<br>일차방정식의 풀이와 활용 |
| | | 함수 | 순서쌍과 좌표, 함수의 그래프 |
| | 8-가 | 식의 계산<br>연립방정식 | 다항식의 연산, 지수법칙, 간단한 등식의 변형<br>미지수가 2개인 일차방정식과 연립일차방정식 |
| | 9-가 | 문자와 식 | 다항식의 곱셈 |
| 고등학교 | 10-가 | 식의 계산<br>방정식과 부등식 | 다항식의 연산, 연립방정식 |
| | 10-나 | 도형 | 직선의 방정식 |
| | 수학 I | 행렬 | 행렬과 그 연산 |
| 대학교 | 선형대수학 | 행렬과 행렬식 | 연립일차방정식과 Gauss–Jordan소거법 |

# 4 수업 소개

## 첫 번째 수업 _ 일차방정식을 배우기 전에

일차방정식을 배우기 전에 알고 있어야 하는 '문자와 식' 단원을 학습합니다. 식에 문자를 사용하게 된 배경, 문자를 사용할 때의 장점, 문자가 사용된 단항식, 다항식에서 알고 있어야 할 규칙, 일차식의 개념, 일차식의 계산 등의 내용을 소개하고 있습니다.

• 선수 학습

- 사칙연산을 할 수 있어야 합니다.

- 문제에 알맞은 식 만들기를 할 수 있어야 합니다.

- 분배법칙을 알고 있어야 합니다.

• 공부 방법

- □, △, ♡, ☆ 등의 기호를 사용하여 식을 만드는 방법에서 알파벳 문자를 사용하게 된 필요성을 깨닫고, 그 사용 방법에 익숙해지도록 연습합니다.

- 초등학교 과정에서 배운 '식 만들기', '문제 해결하기' 등의 내용을 바탕으로 문자가 사용된 식의 계산 방법을 학습합니다.

• 관련 교과 단원 및 내용

- 초등학교 과정의 '문자와 식' 영역의 내용을 기초 개념으로 하고 있습니다.

- 중학교 1학년 '문자를 사용한 식', '일차식과 그 계산' 단원의 내용을 주로 소개하고 있습니다.


## 두 번째 수업 _ 일차방정식의 개념과 등식의 성질

일차식과 등식의 개념을 학습한 후, 일차방정식이 무엇인지 그 개념을 이해하고, 일차방정식의 풀이 과정에서 알고 있어야 하는 등식의 네 가지 성질에 대하여 실생활의 에피소드를 통해 학습합니다.

- 선수 학습

   − 문자를 사용한 식을 이해하고 사용할 수 있어야 합니다.

   − 등식에 사용되는 등호의 개념을 알고 있어야 합니다.

- 공부 방법

   − 일차식과 등식의 개념으로부터 일차방정식의 정의를 유도하여 논리적으로 이해하고, 그 정의로부터 일차방정식의 개념을 이해할 수 있도록 합니다.

   − 등식의 성질에 관한 실생활의 에피소드를 읽으면서 재미있고 쉽게 기억할 수 있도록 합니다.

- 관련 교과 단원 및 내용

   − 초등학교 과정에서 학습한 등식의 개념을 기초로 하고 있습니다.

   − 중학교 1학년 '일차방정식' 단원의 내용을 주로 소개하고 있습니다.


## 세 번째 수업 _ 일차방정식의 역사

일차방정식의 정의 및 개념에 대하여 학습한 후, 이러한 일차방정식 개념이 세계 각지에서 언제부터 사용되었으며 그 형태는 어떠하였고 어떠한 모습으로 발달하게 되었는지를 살펴보기 위해 역사적으로 고찰합니다. 역사적 유래를 살펴보는 것은 일차방정식에 대한 흥미를 유발하고 즐거운 이야깃거리를 제공합니다.

- 선수 학습
- B.C. 19세기경 이집트의 '파피루스'가 무엇인지 알아보도록 합니다.
- 고대 유클리드의 《그리스 시화집》이 무엇인지 알아보도록 합니다.
- 수학자 디오판토스에 대하여 알아보도록 합니다.
- **공부 방법**
- 일차방정식의 역사적 유래를 살펴보면서 일차방정식의 필요성을 느끼고, 지금의 형태와 비교해 보면서 그 편리성을 생각해 봅니다.
- 일차방정식의 유래를 통해 수학사적으로 고찰하고, 수학적 배경지식을 풍부하게 합니다.
- **관련 교과 단원 및 내용**
- 중학교 1학년 '일차방정식' 단원을 도입할 때, 수학사적 읽을거리를 제공합니다.

## 네 번째 수업 _ 선조들의 일차방정식에 대한 여러 가지 해법

세계의 각지에서 일차방정식의 개념이 사용되었는데 그러한 일차방정식의 풀이는 어떠한지 역사적 고찰을 통해 알아봅니다. 체계적이고 논리적인 선조들의 풀이 방법에 대하여 알아보며 수학적 직관력, 논리력, 문제 해결력 등을 키우고 지금 우리가 사용하는 일차방정식의 풀이 방법에 대한 호기심을 일깨웁니다.

- 선수 학습

 — 삼각형의 닮음에 대하여 알고 있어야 합니다.

 — 비례식의 개념과 풀이 과정을 알고 있어야 합니다.

 — 삼각형의 합동에 대하여 알고 있어야 합니다.

- **공부 방법**

 — 일차방정식에 대한 선조들의 풀이 방법을 알아보고 논리적 오류는 없는지, 좋은 점과 나쁜 점은 무엇인지 생각하면서 읽어 봅니다.

 — 역사적 고찰을 통해 수학적 배경지식을 풍부하게 합니다.

- **관련 교과 단원 및 내용**

 — 초등학교 6학년 수학 6-가 단계의 '비례식' 단원과 연계되어 있습니다.

 — 중학교 1학년 수학 7-나 단계의 '작도, 삼각형의 합동' 단원과 연계되어 있습니다.

 — 중학교 2학년 수학 8-나 단계의 '삼각형의 닮음' 단원과 연계되어 있습니다.


## 다섯 번째 수업 _ 일차방정식과 그 풀이

일차방정식의 풀이 방법을 대입법과 가감법으로 나누고 구체적인 예를 통해 학습합니다. 풀이 과정 중에 소개되는 이항의 법칙을 이미 학습한 등식의 성질로써 자연스럽게 이해하고, 여러 가지 유형의 일차방정식 풀이를 통해 그 방법을 익힙니다.

- 선수 학습
  - 분수 및 소수의 계산을 알고 있어야 합니다.
  - 분배법칙을 알고 있어야 합니다.
  - 어떤 수의 나눗셈은 그 역수의 곱이 된다는 것을 알고 있어야 합니다.
  - 어떤 수에 0을 곱하면 항상 0이 된다는 사실을 알고 있어야 합니다.
- 공부 방법
  - 대입법과 가감법으로 일차방정식을 풀어 그 해를 구할 수 있다는 사실을 예제를 통해 학습합니다.
  - 일차방정식의 다양한 유형을 예제를 통해 해결해 보고 그 방법을 익힙니다.
- 관련 교과 단원 및 내용
  - 중학교 1학년 '일차방정식' 단원에서 일차방정식의 풀이 방법과 연계되어 있습니다.

## 여섯 번째 수업 _ 일차방정식의 활용

일차방정식이 실생활에서 어떻게 사용되는지 일상의 에피소드를 통해 알아봅니다. 재미있는 이야기 형식의 글을 읽으면서 일차방정식이 우리의 생활과 밀접하게 관련되어 있다는 것을 학생 스스로 깨달을 수 있도록 합니다. 또한 일차방정식의 활용에서 학생들이 어려움을 겪는 대표적인 문제인 농도와 속력에 관한 문제를 좀 더 깊이 있게 다룹니다.

- 선수 학습
  - 문장으로 주어진 문제를 식으로 나타내는 방법을 알고 있어야 합니다.
  - 속력 구하는 방법을 알고 있어야 합니다.
  - 농도 구하는 방법을 알고 있어야 합니다.
  - 단위 사이의 관계를 알고 있어야 합니다.
- 공부 방법
  - 일차방정식이 실생활에 어떻게 활용될 수 있는지 글을 읽으며 깨닫도록 합니다.
  - 다양하게 제시되는 문제 상황을 읽고 식을 세워 방정식의 해를 구하는 과정을 연습합니다.
  - 다양한 문제를 유형별로 나누고 대표적인 문제를 기억하도록 합니다.
- 관련 교과 단원 및 내용
  - 중학교 1학년 '일차방정식' 단원에서 일차방정식의 활용과 연계되어 있습니다.

## 일곱 번째 수업_ 연립일차방정식의 유래

미지수가 2개 이상인 일차방정식이 어떠한 역사적 유래를 갖고 있는지 살펴봅니다. 역사적 사실들을 찾아보면서 풍부한 수학적 배경을 알고 흥미를 갖도록 유도합니다. 또한 선조들의 뛰어난 수학적, 논리적 사고력을 엿보는 기회를 갖게 됩니다.

- 선수 학습
- 일차방정식의 개념을 알고 있어야 합니다.
- 선조들의 수학사에 대하여 알고 있으면 도움이 됩니다.
- 공부 방법
- 선조들이 일차방정식을 사용하였던 역사적 사실을 살펴보면서 일차방정식의 개념을 생각해 봅니다.
- 역사적 고찰을 통해 수학사적 배경을 풍부히 갖고 선조들의 지혜를 배웁니다.
- 일차방정식을 지금은 어떻게 사용하는지 호기심을 갖습니다.
- 관련 교과 단원 및 내용
- 중학교 2학년 '연립방정식' 단원과 연계됩니다.

## 여덟 번째 수업_ 미지수가 2개인 연립일차방정식

미지수가 2개인 연립일차방정식의 개념을 구체적인 예를 통해서 학습

디오판토스가 들려주는 일차방정식 이야기

할 수 있도록 하였습니다. 또한 연립일차방정식의 그래프적 의미에 대하여 고찰해 보고 해가 갖는 의미를 잘 파악할 수 있도록 하였습니다.

- 선수 학습
- 일차방정식의 개념에 대하여 알고 있어야 합니다.
- 좌표평면 위에 그래프를 그릴 수 있고, 그래프의 의미를 파악할 수 있어야 합니다.
- 공부 방법
- 구체적인 예제를 통해 연립일차방정식의 개념을 확실히 알 수 있도록 해야 합니다.
- 연립일차방정식의 필요성을 스스로 깨달을 수 있도록 해야 합니다.
- 연립일차방정식의 그래프적 의미를 이해할 수 있도록 해야 합니다.
- 관련 교과 단원 및 내용
- 중학교 2학년 '연립방정식' 단원과 연계됩니다.
- 고등학교 1학년 '직선의 방정식' 단원과 연계됩니다.

**아홉 번째 수업_ 미지수가 2개인 연립일차방정식의 풀이**

미지수가 2개인 연립일차방정식의 풀이 방법을 대입법, 등치법, 가감법으로 나누어 소개하고 있습니다. 문제의 경우에 따라 대입법, 등치법, 가감법을 선택하여 해를 구하는 과정으로 보여 줍니다. 또한 미지수가 2개인 연립일차방정식의 해가 없거나 해가 무수히 많은 경우도 소개합니다.

- 선수 학습
  - 일차방정식의 개념을 알고 있어야 합니다.
  - 일차방정식의 풀이 방법을 알고 있어야 합니다.
  - 연립일차방정식의 개념을 알고 있어야 합니다.
- 공부 방법
  - 예제를 통해 연립방정식의 풀이 방법을 익힙니다.
  - 해가 무수히 많거나, 해가 없는 경우에 해당하는 연립일차방정식의 형태를 생각해 보고 잘 기억해 둡니다.
- 관련 교과 단원 및 내용
  - 중학교 2학년 '연립방정식' 단원과 연계됩니다.

### 열 번째 수업_ 미지수가 3개 이상인 연립일차방정식의 풀이

미지수가 3개인 연립일차방정식은 어떻게 푸는지 풀이 방법에 대하여 대입법, 등치법, 가감법으로 나누어 알아봅니다. 미지수가 3개 이상인 경우는 미지수가 2개인 경우와 비교할 때 풀이 과정이 한 번 더 필요하다는 것 외에는 특별히 다른 것이 없으므로 쉽게 이해할 수 있을 것입니다. 또한 미지수가 3개인 경우 행렬을 이용하여 해를 구하는 방법도 소개합니다. 마지막으로 미지수의 개수가 더욱 많아져도 사용할 수 있는 가우스 소거법에 대하여 알아봅니다.

- 선수 학습

— 미지수가 2개인 연립일차방정식의 개념을 알고 있어야 합니다.

— 미지수가 2개인 연립일차방정식의 풀이 방법을 알고 있어야 합니다.

— 행렬의 개념을 알고 있어야 합니다.

— 행렬의 연산을 할 수 있어야 합니다.

- 공부 방법

— 풀이 방법이 약간 길게 진행되므로 정확하게 풀 수 있도록 연습합니다.

— 새롭게 등장하는 행렬의 개념에 대하여 충분히 이해하도록 합니다.

— 행렬의 연산에 대하여 익숙해질 때까지 연습합니다.

- 관련 교과 단원 및 내용

— 고등학교 1학년 미지수가 3개인 '연립일차방정식' 단원과 연계됩니다.

— 수학 I '행렬과 연산' 단원과 연계됩니다.

— 대학교 선형대수학 '행렬과 행렬식' 단원과 연계됩니다.

# 디오판토스를 소개합니다

Diophantos, (A.D. 246?~330?)

《산학》은 나의 가장 중요한 저술로서

모두 13권의 책으로 되어 있으나 그중 여섯 권만이 현존하고 있습니다.

나는 방정식을 단순화시킴으로써

수학 발전의 징검다리 역할을 톡톡히 하였습니다.

## 여러분, 나는 디오판토스입니다

　지금부터 나에 대해서 소개하겠습니다. 나는 대수의 발전에
서 대단히 중요한 역할을 하였습니다. 유럽 수론학자들에게 깊
은 영향을 준 사람이 바로 나 알렉산드리아의 디오판토스
Diophantos이지요. 그래서 사람들은 나를 대수학의 아버지라고
부른답니다. 내가 태어난 시기와 출생 장소는 정확하게 알 수
없지만 추측할 수 있는 증거들을 찾아볼 수 있습니다. 사람들은
내가 쓴 책에 힙시클레스의 말이 인용되어 있는 것으로 짐작하
여 내가 A.D. 150년 이후의 사람임이 분명하다고 여기며, 알렉
산드리아의 테온이라는 사람이 나의 《산학》을 언급한 것을 보
고는 내가 기원후 364년 이전에 죽었을 것으로 추정합니다. 그
래서 일반적으로 내가 활동한 시기는 3세기경약 A.D. 250년경으

로 보는 것이 지금의 정설입니다.

내가 지은 책으로는 다음의 세 가지가 있습니다.

《산학算學, Arithmetica》

《다각수多角數에 관하여, On Polygonal number》

《계론係論, Porisms》


《산학》은 나의 가장 중요한 저술로서 모두 13권의 책으로 되어 있으나 그중 여섯 권만이 현존하고 있고,《다각수에 관하여》는 일부만이 현존해 있으며 《계론》은 분실되었답니다.《산학》은 많은 주석본이 있는데 현존하는 그리스 원본의 최초의 라틴어 번역본은 1463년에 레기오몬타누스가 만들었습니다. 1575년에는 주석을 담고 있는 매우 귀중한 번역본이 크시랜더에 의해 만들어졌으며 1621년에 프랑스에서 그리스 원본의 초판을 인쇄할 때 라틴어 번역본과 주석을 함께 인쇄했는데 이때 크시랜더의 번역본이 이용되었다고 합니다. 그 다음에 제2판이 1670년에 출판되었는데 이는 역사적으로 매우 중요합니다. 그 이유는 이 책의 가장자리 여백에 유명한 페르마Fermat의 간단한 메모가 담겨 있는데, 이것이 수론의 광범위한 연구를 촉발시켰기 때문이지요.

《산학》은 대수적 수론을 해석적 논법으로 쓴 책으로 나를 이 분야에서 천재로 만들어 준 책이랍니다. 이 책의 현존하는 부분에서는 약 130여 개의 다양한 문제의 해를 다루고 있으나 대체로 일차 또는 이차방정식과 관련된 것입니다. 매우 특별한 삼차방정식 문제도 하나 있기는 합니다. 제 I권은 미지수가 하나인 정방정식에 관한 문제를 다루고 있고 나머지 책에서는 두 개 또는 세 개의 미지수를 갖는 이차 또는 고차의 부정방정식에 관한 문제를 다루고 있습니다. 그러나 이러한 문제들이 일반적인 해법으로 모두 풀리는 것이 아니라 각 문제마다 그때그때 특별한 방법으로 해를 구하게 됩니다.

《산학》에는 수론에 관한 정리도 몇 개 등장합니다. 이를테면 다음과 같은 정리가 나옵니다. '두 유리수의 세제곱의 차는 역시 어떤 두 유리수의 세제곱의 합이다.' 이 문제는 나중에 비에트, 바제, 페르마 등에 의하여 연구되었습니다. 또 《산학》에는 두서너 개의 제곱수의 합으로 수를 표현하는 많은 문제가 나오는데 이 분야의 연구는 나중에 페르마, 오일러, 라그랑주 등에 의하여 완성되었다고 합니다. 또한 《산학》에는 유리해만을 구하는 부정 대수문제가 있는데, 이것도 디오판토스 문제로 일컬어져

왔습니다. 내 이름을 딴 문제라니 재미있지요?

《산학》은 아라비아어語로 번역되어 그곳의 여러 학자에게 영향을 끼쳤으며, 뒤에 라틴어로 번역되고 중세 말기에 유럽으로 전파되어 대수학의 발달에 공헌하였습니다. 또한 저서 중에 있는 '주어진 제곱수를 2개의 제곱수로 나누어라'라는 문제는 뒤에 페르마에게 영향을 끼쳐, 페르마의 정리가 되었다고 합니다.

나는 생략속기법의 대수적 표기를 이용한 최초의 인물입니다. 이러한 대수적 표기는 표기의 간단함 이외에도 수학적으로 많은 의미가 있습니다. 나는 미지수, 미지수의 6승까지 몇, 뺄셈, 등식, 역수 등에 대하여 생략표기를 사용했습니다. '산술 arithmetic'이라는 단어는 그리스어의 'arithmetike'로부터 유래된 것으로서 그것은 'arithmos수를 뜻함'와 'techne과학을 뜻함'의 합성어입니다.

헤스는 내가 미지수를 나타내기 위해 아마도 'arithmos'의 처음 두 개의 그리스 문자 $\alpha$와 $\rho$를 합성하여 만든 것으로서 이것이 나중에 그리스어의 마지막 문자 $\Omega$처럼 보이게 되었다고 설명합니다. 또한 미지수의 멱power에 대한 표기의 의미는 매우

디오판토스가 들려주는 일차방정식 이야기

명백하게 알려지고 있습니다. '미지수의 제곱'은 $\Delta^r$로 표시했으며, 이는 멱이라는 뜻의 그리스 단어의 처음 두 문자인 것입니다. 또 '미지수의 세제곱'은 $K^r$로 표시했는데 이는 '세제곱'이라는 뜻의 그리스 단어의 처음 두 문자랍니다.

내가 사용한 '빼기'에 대한 기호는 V자를 거꾸로 세운 다음 각의 이등분선을 그 안에 그려 넣은 것처럼 보이는 것으로서 이는 '부족함'이라는 뜻의 그리스단어 'leipis'의 두 문자를 합성한 것으로 생각해 왔습니다. 또한 음의 항은 한데 모아서 그 앞에 뺄셈 기호를 갖다 붙였습니다.

덧셈은 이어 붙여 쓰는 방식으로 나타냈고 미지수의 멱의 계수는 멱기호 뒤에 알파벳 그리스 숫자로 표현했습니다. 만일 상수항이 있으면 '단위'를 뜻하는 그리스어 'monades'의 생략기호 $M$을 적당한 계수와 더불어 사용하였습니다. 그리하여 수사적 대수가 약어대수로 발전하게 된 것이지요.

수학의 발전을 세 단계로 나눠볼 수 있는데 수사학적 단계, 생략에 의한 단축의 단계, 기호화의 단계가 바로 그것입니다.

수사학적 단계란 문장으로 식을 표현하는 단계입니다. 나는 수 세기 동안 수사학적 표현이 통용되던 방정식을 단순화시킨 사람으로 위에서 소개한 것과 같은 나만의 표기법을 만들어 냈습니다. 디오판토스의 약어대수 단계가 수학 발전의 두 번째 단계라고 할 수 있지요. 지금까지 대수학 발전에 큰 영향을 미쳤던 나의 업적과 생애에 대하여 알아보았습니다. 자, 그러면 이제 여러분들과 일차방정식으로의 여행을 시작하도록 하겠습니다.

저는 약 3세기경 알렉산드리아 지방에서 수학을 연구한 수학자 디오판토스라고 합니다.

안녕하세요?

제가 지은 책 산학은 13권 중 6권이 현재까지 남아 있지요. 저는 산학에서 주로 방정식에 대해 썼습니다.

방 정 식

제 산학은 아라비아어로 번역되어 그곳 학자에게 영향을 끼쳤으며 뒤에 라틴어로 번역되어 중세 말기에 유럽으로 전파되어 대수학 발달에 공헌했습니다.

그래서 사람들은 저를 대수학의 아버지라고 부른답니다.

대수학의 아빠!

제 저서 중 '주어진 제곱수를 2개의 제곱수로 나누어라'라는 문제는 뒤에 페르마에게 영향을 끼쳐, 페르마의 정리가 되었다고도 합니다.

제가 선생님 영향을 많이 받았어요.

페르마

저는 무엇보다 아주 특이한 묘비명으로 유명하지요. 제 묘비명에는 이렇게 쓰여 있습니다.

'지나가는 나그네여, 이 비석 밑에는 디오판토스가 잠들어 있소. 그의 생애를 수로 말하겠소. 일생의 1/6은 소년시대였고, 1/12은 청년시대였소. 그 뒤 다시 일생의 1/7을 혼자 살다가 결혼하여 5년 후에 아들을 낳았고, 그의 아들은 아버지 생애의 1/2만큼 살다 죽었으며, 아들이 죽고 난 4년 후에 비로소 디오판토스는 일생을 마쳤노라'.

저는 언제 태어나고 언제 사망했는지 정확히 알려져 있지 않지만 이 묘비명을 풀면 저는 84세까지 살았다고 합니다.

# 일차방정식을
# 배우기 전에

어떤 경우 수식에 문자를 사용할까요?

문자가 수식에 사용되기 위한 규칙들을 살펴봅니다.

1. 문자가 사용된 식에 대하여 알 수 있습니다.

2. 일차식에 대하여 알 수 있습니다.

## 미리 알면 좋아요

1. 음수의 계산

덧셈 : $-2+(-4)=-6$, $-2+4=2$, $2+(-4)=-2$

뺄셈 : $-2-(-4)=-2+(+4)=2$, $-2-(+4)=-6$, $2-(-4)=2+(+4)=6$

곱셈 : $(-2)\times(-2)=4$, $(-2)\times 2=-4$, $2\times(-2)=-4$

2. 분배법칙

$2(5x+3)=2\times 5x+2\times 3=10x+6$

안녕하세요~. 나는 수학자 디오판토스입니다. 나에 대해서 간단히 소개하고 수업을 시작하도록 하겠습니다. 나는 약 3세기경 알렉산드리아 지방에서 수학을 연구한 수학자입니다. 특별히 방정식에 대하여 체계적으로 연구하여 지금과 같은 방정식 체계가 탄생하는 데에 매우 중요한 역할을 하였지요. 또한 나의 수학적 업적은 유럽의 수론, 정수론, 대수론을 연구하는 학자들에게 많은 영향을 주었습니다. 그래서 후세의 사람들은 나를 방정식의 역사에 큰 획을 그은 인물이라고 평가하고 대수학의 아버지라고 부릅니다. 여러분들과 방정식을 배우기 위해 이렇게 만나게 되어 반갑습니다. 그럼 여러분 일차방정식으로의 여행, 출발해 볼까요?

일차방정식을 배우기 위해서는 우리가 반드시 미리 알고 있어야 하는 내용들이 있습니다. 복잡한 수식을 계산하려면 구구단

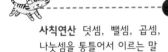

**사칙연산** 덧셈, 뺄셈, 곱셈, 나눗셈을 통틀어서 이르는 말

을 외우고, 사칙연산❶의 규칙을 알아야하는 것처럼 방정식을 배우기 위해서는 꼭 알고 있어야 하는 내용들이 있습니다. 그런 내용들을 먼저 간단히 살펴보도록 합시다.

다음 문제를 살펴봅시다.

□ +5=15

△ −3=5

☆ ×3=18

♡ ÷5=20

디오판토스가 들려주는 일차방정식 이야기

이 문제의 답을 알 수 있나요? 덧셈, 뺄셈, 곱셈, 나눗셈을 할 수 있는 학생이라면 아마 쉽게 답할 수 있을 것입니다. □에 들어갈 값은 10, △에 들어갈 값은 8, ☆에 들어갈 값은 6, ♡에 들어갈 값은 100이 됩니다. 모두들 잘 알고 있지요?

이렇게 수학에서는 우리가 구하고자 하는 값을 여러 가지 방법을 이용해서 구할 수 있습니다. 그런데 이렇게 구하고자 하는 값을 □, △, ☆, ♡ 등으로 나타내는 데에는 한계가 많습니다. 우선 표현하기가 매우 번거롭고, 그 개념을 수학적으로 확장시키는 데에 제한이 많습니다. 그래서 수학에서는 우리가 구하고자 하는 값을 알파벳 문자를 이용하여 표현하곤 합니다. 그렇다면 위의 예제를 알파벳을 이용해서 표현해 볼까요? 어떠한 문자를 사용해도 좋습니다. 나는 아래와 같이 해 보았습니다. 여러분들도 쉽게 할 수 있겠지요?

$x+5=15$

$y-3=5$

$a\times3=18$

$b\div5=20$

문자를 이용하여 식을 표현해 보니 어떤가요? 그 동안 '영어도 아닌 수학 문제에 도대체 왜 알파벳이 등장을 할까?' 라고 이상하게 생각했던 학생들도 이제 쉽게 이해하고 사용할 수 있겠지요?

그렇다면 어떤 경우 수식에 문자를 사용할까요?

첫 번째, 구체적인 값이 주어지지 않은 수량을 나타내기 위해서 문자를 사용하기도 합니다. 예를 들어, 사과가 $a$개 들어 있는 상자가 10개가 있다면 총 사과의 개수는 $a \times 10$개라고 표현합니다. 만약 $a=5$, 즉 사과가 5개 들어 있는 상자였다면 총 사과의 개수는 $5 \times 10 = 50$개가 될 것이고, 만약 $a=10$, 즉 사과가 10개 들어 있는 상자였다면 총 사과 수는 $10 \times 10 = 100$개가 될 것입니다. 다시 말해 $a$의 값이 무엇인지 결정되어 있지 않고 변화 가능한 어떤 값을 대표할 때 문자를 사용해서 식을 표현합니다.

두 번째, 문자가 사용되는 또 다른 경우는 일반적인 수임의의 수를 나타낼 때입니다. 예를 들어, 덧셈에 대한 교환법칙을 설명할 때, 어떤 실수 $a$, $b$에 대하여 $a+b=b+a$라고 표현합니다. 이때 문자 $a$, $b$는 실수들을 대표하는 일반적인 수를 나타낸 것이지요. 이렇게 수학에서 문자는 다양하고 중요한 역할을 합니다. 특히 우리는 지금 방정식을 공부하고 있으니 구하고자 하는 미지의 값을 문자로 나타내는 것에 친숙해지도록 연습해야 합니다. 잘 알겠지요?

어떤 경우에 수식에 문자를 사용할까요?

첫째, 구체적인 값이 주어지지 않은 수량을 나타내기 위해서 문자를 사용합니다.

사과
사과
사과
사과
사과

전체 : a개 X 10 박스

일반적인 수를 나타낼 경우에 사용합니다.

＜덧셈에 대한 교환법칙＞ 어떤 실수 a, b 에 대하여 a+b=b+a

아하!

그렇구나!

그런데 문자를 사용하는 식은 정해 놓은 규칙에 따라 사용해야 합니다. 이러한 규칙들은 앞으로 여러 가지 수학적 개념을 배우는 데에 기초 지식이 되므로 중요합니다. 그럼 지금부터 그 규칙을 하나하나 설명하도록 하지요.

첫 번째, 문자와 문자 또는 문자와 숫자를 곱할 때에는 곱하기

기호를 생략합니다. 예를 들어, $3 \times x = 3x$, $(-2) \times y = -2y$, $a \times b = ab$ 와 같이 표현할 수 있습니다. 또 다른 예를 들어 봅시다. 가로, 세로의 길이가 각각 $a$, $b$인 직사각형의 넓이는 어떻게 표현할까요? 먼저 직사각형의 넓이는 (가로)×(세로)이므로 $a \times b$가 됩니다. 그런데 문자와 문자를 곱할 때에는 곱셈기호를 생략하기로 하였으므로 $ab$라고 합니다. 또한 문자를 사용한 식에서는 알파벳의 순서에 따라 문자를 배열합니다. $a \times b$를 $ab$라고 하는 대신 $ba$라고 써도 우리가 배우는 범위 안에서 수학적으로 틀리지는 않지만, 보기 좋게 알파벳 순서에 맞게 $ab$라고 써 주는 것이 좋습니다.

두 번째, 수와 문자의 곱에서는 수를 문자 앞에 쓰고 곱셈기호를 생략합니다. 예를 들어, $2 \times x = 2x$, $a \times (-3) = -3a$와 같이 됩니다. 직사각형의 둘레의 길이도 생각해 봅시다. 직사각형의 둘레의 길이는 $2 \times$(가로의 길이) + $2 \times$(세로의 길이)이므로 $2 \times a + 2 \times b$라고 할 수 있습니다. 그런데 문자와 숫자를 곱할 때에도 곱셈기호를 생략한다고 하였고 문자 앞에 숫자를 쓴다고 하였으므로 $2a + 2b$가 되는 것이지요. 잘 알 수 있겠지요?

세 번째, 1이나 -1과 문자의 곱에서는 1을 생략합니다. 예를 들어 $1 \times a$는 곱셈기호를 생략하면 $1a$인데 그냥 $a$라고만 씁니다. 또한 $x \times (-1)$은 곱셈기호를 생략하고 숫자를 문자 앞에 쓰면 $-1x$인데 1을 생략하고 $-x$라고 표현합니다.

네 번째, 같은 문자의 곱은 지수를 사용하여 거듭제곱으로 나타냅니다. 거듭제곱은 같은 수나 문자를 몇 번 곱하였는지를 나타냅니다. 즉 같은 문자가 여러 번 곱해진 경우 그 곱해진 수만큼을 제곱수로 나타냅니다. 예를 들어, $x \times x = x^2$, $x \times x \times x = x^3$, …과 같이 나타냅니다. 여러 문자가 같이 있는 경우에는 같은 문자가 여러 번 곱해진 만큼 거듭제곱으로 나타낸 후, 알파벳 순서에 따라 배열합니다. 예를 들어, $c \times c \times a \times a \times a \times b = a^3bc^2$과 같이 나타냅니다.

다섯 번째, 괄호가 있는 곱셈에서도 곱셈기호는 생략하고 숫자는 괄호 앞에 씁니다.

$(2+x) \times 3 = 3(2+x)$, $(a+b) \times 3 \times x = 3(a+b)x$ 가 됩니다.

마지막으로 나눗셈 기호 $\div$는 쓰지 않고 분수로 나타냅니다. 나눗셈은 역수를 이용하여 곱셈으로 표현할 수 있다는 것을 잘 알고 있지요? 예를 들어 $x \div 3$은 $x \div 3 = x \times \dfrac{1}{3} = \dfrac{x \times 1}{3} = \dfrac{x}{3}$

즉 $x \div 3 = \dfrac{x}{3}$ 이라고 나타낼 수 있습니다. 다른 예를 들어 볼까요?

$a \div x = a \times \dfrac{1}{x} = \dfrac{a}{x}$ 라고 표현할 수 있답니다.

디오판토스가 들려주는 일차방정식 이야기

문자를 사용한 식에서는 위에서 소개한 규칙에 따라 식을 표현하고 계산하여 정리하므로 잘 기억하고 있어야 합니다. 자, 그럼 일차방정식에 한걸음 가까워진 기분이 들지요? 그러나 일차방정식을 이해하고 해결하기 위해서는 기본적으로 알고 있어야 하는 것들이 또 있답니다. 궁금하지요?

지금부터는 일차식에 대하여 소개하도록 하겠습니다. 일차식이란 어떤 다항식에서 그 차수가 1차인 경우를 말합니다. 지금 소개한 설명이 더 어렵지요? 도대체 다항식은 무엇이고 차수는 무엇일까요?

식을 이루는 요소는 여러 가지가 있는데 '항'이라 불리는 것부터 소개하도록 하겠습니다. 항이란, 숫자와 문자가 서로 곱해진 형태의 덩어리를 말합니다. 예를 들어 $2a+3b+6$이라는 식이 있다면 $2a$, $3b$, $6$은 각각 하나의 항이 됩니다. 특별히 숫자로 이루어진 항은 상수항이라고 부르지요. 또한 어떤 식이 하나의 항으로 이루어졌으면 **단항식**單項式이라고 하고, 둘 이상의 항으로 이루어져 있으면 **다항식**多項式이라고 합니다. 또한 숫자와 문자의 곱으로 된 항에서 문자 앞에 곱해진 숫자를 계수라고 부릅니다.

예를 들어 정리해 봅시다.

$ab$ ➔ 1개의 항으로 이루어진 단항식, 상수항은 없음

$2a+3$ ➔ 2개의 항으로 이루어진 다항식, 상수항은 3

그렇다면 차수란 무엇일까요? 차수란 항에서 어떤 문자가 곱해진 개수를 말합니다. 즉 어떤 문자가 곱해진 개수를 지수를 사용하여 거듭제곱의 형태로 나타내는 것이지요. 설명이 어렵다면 예를 들어 봅시다. $x^2$은 $x \times x$, 즉 $x$가 두 번 곱해진 것을 뜻합니다. 따라서 $x$의 차수는 2차가 됩니다. $2a^3$의 경우는 $a$가 세 번 곱해진 것이므로 3차가 되는 것이고요.

항이 여러 개인 다항식에서는 차수를 어떻게 결정할까요? 다항식에서는 가장 큰 차수를 갖는 항의 차수를 따릅니다. 예를 들어, $2x^2+3x+6$이라는 다항식에서는 가장 큰 차수를 갖는 항이 $2x^2$이고 이것의 차수가 2차이므로 위의 다항식은 2차식이 되는

디오판토스가 들려주는 일차방정식 이야기

것입니다. 그렇다면 일차식은 무엇일까요? 어떤 식의 최고차항의 차수가 1인 식을 일차식이라고 합니다. 예를 들면, $3x$, $3x+6$, $2a+3$ 등과 같은 식이 되겠지요. 이제 일차식의 개념을 알 수 있나요?

자, 지금부터는 이러한 일차식이 어떻게 계산되는지 살펴보도록 하겠습니다. 먼저 일차식과 수의 곱셈·나눗셈은 어떻게 할 수 있을까요?

예를 들어 직사각형 모양의 밭의 넓이를 구해 봅시다. 가로의 길이는 $2x$, 세로의 길이는 4라고 하면 그 넓이는 $(2x \times 4)$가 됩니다. 이 식을 간단히 하면 $2x \times 4 = 2 \times 4 \times x = 8 \times x = 8x$로 나타낼 수 있겠네요. 이와 같이 항이 하나로 이루어진 단항식과 수의 곱은 수끼리 계산하여 문자 앞에 씁니다.

$$\textcircled{2}x \times \textcircled{4} \qquad = \qquad 8x$$

숫자끼리 곱해서 · · · · · · · · · · · · · · · · · 문자 앞에 쓴다

항이 두 개 이상인 일차식에 수를 곱할 때에는 다음과 같이 분배법칙을 이용해야 합니다.

$$2(5x+3) = 2 \times 5x + 2 \times 3 = 10x + 6$$

또한 식을 계산하는 과정에서 문자와 그 문자의 차수가 같은

경우 **동류항**이라 부르며, 동류항은 동류항끼리 모아 간단히 해 주어야 합니다. 예를 들어, $3x+2y+x+3$이라는 식에서 $3x$와 $x$는 문자가 같고 그 문자의 차수도 같으므로 동류항입니다. 따라서 두 항을 더하여 $4x$라고 간단히 할 수 있습니다.

$$3x+2y+x+3=4x+2y+3$$

일차식의 덧셈과 뺄셈도 위에서 소개한 것처럼 괄호를 먼저 풀고 동류항을 찾아 동류항끼리 계산하여 식을 간단히 합니다. 예를 들어 보면 다음과 같습니다.

$$(2x+4)+(3x-2)=2x+4+3x-2=(2+3)x+(4-2)=5x+2$$

그러면 마지막으로 등식이 무엇인지 소개하도록 하겠습니다. 지금까지 배운 단항식 혹은 다항식 형태에 등호 '='가 포함되어 좌변과 우변이 같다는 의미를 갖게 되면 이러한 식은 등식이라고 부르게 됩니다. 이러한 등호가 있는 식은 자주 보았지요? 예를 들어, $2+3=5$라는 등식을 생각해 봅시다. 이 식의 의미는 좌변 2와 3을 더한 값은 우변의 5라는 값과 똑같다는 것입니다. 또

디오판토스가 들려주는 일차방정식 이야기

다른 예를 들어 봅시다. $2x+4=0$이라는 등식은 어떤 수 $x$를 두 배 한 다음 4를 더한 값은 0과 같다는 의미를 가지고 있습니다. 등식 중에서 특별히 이렇게 미지수가 포함되어 있고, 그 미지수의 차수가 1차인 경우를 **일차방정식**이라고 부릅니다. 일차방정식에 대한 내용은 등식에 대하여 좀 더 살펴본 후 다음 시간에 자세히 설명하도록 하겠습니다.

지금까지 일차방정식을 배우기 위한 기초를 다지는 작업을 하였습니다. 먼저 문자가 수식에 사용되기 위해서 지켜져야 하는 몇 가지 규칙들을 살펴보았습니다. 다음으로 문자가 포함된 단항식, 다항식을 살펴보았고, 특별히 최고차항의 차수가 1차인 일차식이 무엇인지 그리고 일차식들은 어떻게 덧셈 · 뺄셈 · 곱셈 · 나눗셈을 하며 간단히 할 수 있는지에 대하여 알아보았습니다. 오늘 배운 내용을 잘 기억해 두어야 다음 시간에 등식의 성질과 일차방정식의 개념을 잘 이해할 수 있답니다. 그럼 다음 시간에 만나요.

# 수업 정리

**❶** 식에서 $x$, $y$, $z$ 등과 같은 문자를 사용하면서 수학적으로 많은 것을 표현할 수 있게 되었습니다.

**❷** 문자를 사용한 식은 일정한 규칙에 따라 사용해야합니다.

① 문자와 문자 또는 문자와 숫자를 곱할 때에는 곱셈기호를 생략합니다.

예) $3 \times x = 3x$, $(-2) \times y = -2y$, $a \times b = ab$

② 수와 문자의 곱에서는 수를 문자 앞에 쓰고 곱셈기호를 생략합니다.

예) $2 \times x = 2x$, $a \times (-3) = -3a$

③ 1이나 −1과 문자의 곱에서는 1을 생략합니다.

예) $1 \times a = a$, $x \times (-1) = -x$

④ 같은 문자의 곱은 지수를 사용하여 거듭제곱으로 나타냅니다.

예) $x \times x = x^2$, $x \times x \times x = x^3$, $c \times c \times a \times a \times a \times b = a^3 b c^2$

⑤ 괄호가 있는 곱셈에서도 곱셈기호는 생략하고 숫자는 괄호 앞
에 씁니다.

예) $(2+x)\times 3=3(2+x)$, $(a+b)\times 3\times x=3(a+b)x$

⑥ 나눗셈 기호÷는 쓰지 않고 분수로 나타냅니다.

예) $x\div 3=x\times \dfrac{1}{3}=\dfrac{x\times 1}{3}=\dfrac{x}{3}$, $a\div x=a\times \dfrac{1}{x}=\dfrac{a}{x}$

❸ 일차식이란 어떤 다항식에서 최고차항의 차수가 1차인 경우
를 말합니다.

❹ 일차식의 계산을 다음과 같이 할 수 있습니다.

① 단항식과 수의 곱은 수끼리 계산하여 문자 앞에 씁니다.

예) ②$x$ ×④        =        ⑧$x$

숫자끼리 곱해서        문자 앞에 쓴다

② 다항식과 수의 곱은 분배법칙으로 괄호를 푼 후, ①번과 같이
계산합니다.

예) $2(5x+3)=2\times 5x+2\times 3=10x+6$

③ 동류항끼리 계산하여 간단히 합니다

예) ③$x$+2$y$+$x$+3=④$x$+2$y$+3

# 일차방정식의 개념과
# 등식의 성질

일차방정식의 개념과 등식의 성질에 대하여 알아봅니다.

1. 등식의 개념을 알 수 있습니다.

2 등식의 성질을 알 수 있습니다.

3 일차방정식의 개념을 알 수 있습니다.


## 미리 알면 좋아요

1. 문자가 포함된 일차식의 계산은 다음과 같습니다.

· $2x \times 4 = 8x$

· $2(5x+3) = 2 \times 5x + 2 \times 3 = 10x + 6$

· $3x + 2y + x + 3 = 4x + 2y + 3$


2. 어떤 수로 나누는 것은 그 수의 역수를 곱하는 것과 같습니다.

· $6 \div 3 = 6 \times \dfrac{1}{3} = \dfrac{6 \times 1}{3} = \dfrac{6}{3} = 2$

디오판토스의
두 번째 수업

지난 시간에 문자를 포함한 식을 표현하는 방법과 일차식이 무엇인지, 그 식의 계산은 어떻게 하는지에 대하여 배운 것을 잘 기억하고 있겠지요? 앞으로 더 많은 수학을 배우기 위해서는 문자가 포함된 수식을 계산할 수 있어야 합니다. 따라서 문자가 포함된 식을 잘 연습하여 익숙해지도록 합시다. 그러면 오늘은 일차방정식이 도대체 무엇을 의미하는지 알아보고, 일차방정식의 풀이를 배우기 전에 알아야 하는 등식의 성질을 살펴보도록 하지요.

등식이란 단항식 혹은 다항식 형태의 식에 등호 "="가 포함된 식을 말합니다. 예를 들어, 3+2=5라든지 $x+4=3x-6$과 같은 경우이지요. 이러한 등식은 등호를 중심으로 왼쪽과 오른쪽이 '같다'는 의미를 담고 있습니다.

자, 그러면 방정식이란 무엇일까요? **방정식**이란, 미지수를 나타내는 문자가 포함되어 있는 어떤 등식에서 그 문자에 특정한 값을 대입할 때에만 등식이 참이 되어 성립하는 것을 말합니다. 이렇게 말로 풀어서 설명하니 좀 어렵지요? 여러분의 이해를 돕기 위해 방정식의 한 예를 들어 보겠습니다. $x+1=5$라는 식이 있습니다. 이 식은 등호 "="를 기준으로 좌변왼쪽과 우변오른쪽이 똑같다는 뜻을 가지고 있습니다.

그런데 문자의 값이 무엇이냐에 따라 이 등식은 참이 되기도 하고 거짓이 되기도 합니다. 위의 식은 좌변 $x+1$과 우변의 5가 같다는 뜻인데 그렇다면 $x$에 어떤 값이 들어가야 좌변과 우변이 같아져서 등식이 성립할까요? 너무 간단한 문제라서 쉽게 답하는 학생들이 많겠지만 하나하나 생각을 정리해 봅시다.

먼저 대신 1을 넣어 봅시다. 1+1과 5는 같은가요? 아니지요. 그렇다면 $x$대신 2를 넣고 생각해 봅시다. 2+1은 5와 같은가요? 이것 또한 아니지요. 다음 $x$대신 3을 넣으면 3+1은 5와 같은가요? 마찬가지로 아닙니다. 그렇다면 대신 4를 넣어 봅시다. 4+1은 5와 같은가요? 네, 같습니다.

우리가 지금까지 살펴보았던 것처럼, 문자를 포함한 등식에서 그 문자 $x$에 1, 2, 3을 넣었을 때에는 좌변과 우변이 같지 않아 등식이 성립하지 않았지만, 문자 $x$에 4를 넣었더니 좌변과 우변이 같아져서 등식이 참으로 성립하는 것을 알 수 있었습니다. 이렇게 등식을 참으로 만족하게 하는 이러한 특별한 값을 그 방정식의 해 또는 근이라고 부릅니다.

방정식에서는 알지 못하는 값, 구하고자 하는 값을 우리는 종종 문자 $x$를 사용하여 나타냅니다. 우리는 이러한 문자 $x$를 미지수未知數:알지 못하는 수라고 부르지요. 또한 이러한 미지수 $x$의 값을 찾아내는 것을 '방정식을 푼다'고 합니다. 그렇다면 방정식에는 문자 $x$만 사용해야 될까요? 그렇지 않습니다. 방정식에서는 미지수를 나타낼 때 문자 $x$를 제일 많이 사용하지만 다른 여러 문자예를 들어 $a$, $b$, $c$, $p$, $q$, $y$, $z$ 등등를 사용해도 전혀 틀리지 않습니다.

그러면 방정식의 해를 구할 때 위와 같이 $x$에 하나하나의 값을 대입해서 해결해야 할까요? 이렇게 해결할 수 있는 경우는 매우 간단한 방정식에 해당하며 앞으로 좀 더 복잡한 방정식의 해

디오판토스가 들려주는 일차방정식 이야기

를 구할 때에는 이렇게 하나하나 값을 넣어 보는 방법으로 구할
수 없는 경우가 많습니다. 그래서 오늘은 등식의 성질이 바탕이
되는 방정식의 풀이 방법을 배우게 될 것입니다.

등식의 성질은 등호의 개념을 잘 알고 있다면 이해하기가 쉽습
니다. 예를 들어 설명할게요.

한나가 케이크를 만들고 있습니다. 양팔 저울 양쪽에 원기둥
모양의 빵을 올려놓고, 생크림을 바른 다음 장식을 하였습니다.
지금까지 진행된 양쪽 케이크 무게는 똑같아서 양팔 저울이 수
평을 유지하고 있습니다. 즉 왼쪽 케이크의 무게를 A, 오른쪽 무
게를 B라고 한다면 양쪽 케이크의 무게가 똑같아 다음과 같은
등식이 성립하는 것을 알 수 있겠지요?

A=B

한나는 똑같은 무게의 딸기를 올려 장식하려고 합니다. 딸기의 무게를 C라고 하고, 양쪽 케이크 위에 딸기 한 개씩을 올린다면 양팔 저울은 어떻게 될까요? 여전히 수평을 유지하겠지요? 이것을 식으로 표현한다면 다음과 같을 것입니다.

A+C=B+C

너무 뿌듯한 마음에 자신이 만든 케이크를 감상하고 있는데 개구쟁이 남동생 영욱이가 오더니 양쪽 케이크에서 키위 하나씩을 집어먹고 도망치네요. 어휴, 그러나 신기하게도 양팔 저울은 여전히 수평을 유지하고 있습니다. 왜일까요? 맞아요, 왜냐하면 무게가 D인 키위를 양쪽에서 똑같이 한 개씩 빼 먹었기 때문이지요. 이것을 식으로 나타내면 다음과 같을 것입니다.

디오판토스가 들려주는 일차방정식 이야기

$$A+C-D=B+C-D$$

지금까지 내용을 정리해 봅시다. 등식에서는 같은 값을 양변에 더하거나 빼도 여전히 등식은 성립합니다.

자, 이제 한나는 케이크를 만드는 데 자신감이 생겨서 3단짜리 케이크를 만들어 보려고 합니다. 먼저, 양팔 저울 양쪽에 원기둥 모양의 빵을 올려놓고 생크림을 잘 발랐습니다. 왼쪽과 오른쪽 케이크의 무게가 똑같아 수평을 이루고 있네요. 왼쪽 케이크의 무게를 A, 오른쪽 케이크의 무게를 B라고 한다면 역시 등식은 다음과 같겠지요?

A=B

　그런데 한나는 똑같은 크기의 케이크를 2개 더 올려 3단 케이크를 만들려고 합니다. 무게가 A인 케이크가 3개가 있으니까 3×A 즉 3A, 마찬가지로 무게가 B인 케이크가 3개가 있으니까 3×B, 즉 3B가 될 것입니다. A와 B의 무게가 똑같고 그러한 케이크를 두 개씩 더 올려 3A, 3B가 된 것이니 양팔 저울은 여전히 수평을 유지하겠지요? 그렇다면 등식은 어떻게 될까요?

　3A=3B가 됩니다.

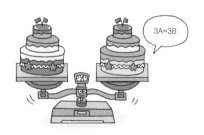

　만약 5단 케이크를 만든다면 어떻게 될까요?

디오판토스가 들려주는 일차방정식 이야기

5A=5B가 될 것입니다.

그렇다면 일반화하여 임의의 N단 케이크를 만든다면 어떻게 될까요? 그렇지요,

NA=NB가 될 것입니다.

한나는 3단 케이크를 만들고 싶었지만 만들기가 너무 힘이 드나 봅니다. 욕심이 과했네요. 그래서 다시 1단 케이크로 되돌려 놓고 곰곰이 생각에 잠겼습니다.

식은 어떻게 되었지요? 1단 케이크로 돌려놓았으니 물론 식은

A=B가 될 것입니다.

　1단 케이크는 벌써 만들었고, 3단 케이크를 만들자니 역부족이네요. 그렇다면 시간도 부족하고 하니……. 아하! 한나는 조각 케이크를 만들어야겠다고 생각했습니다. 그래서 한나는 케이크를 4등분하여 작은 조각 케이크를 만들고 있습니다. 그렇다면 조각 케이크의 무게를 식으로 나타내 볼까요? 무게가 A인 왼쪽 케이크를 4등분하여 그중 한 조각을 식으로 나타내면 $A \div 4$가 될 것입니다. 마찬가지로 무게가 B인 오른쪽 케이크를 4등분하여 그 중 한 조각을 식으로 나타내면 $B \div 4$가 되겠네요. 무게가 똑같은 1단짜리 케이크 양쪽에서 똑같이 4등분하여 한 조각씩 올렸으므로 양팔저울은 여전히 수평을 유지하고 있겠지요? 이것을 식으로 나타내면 다음과 같습니다. 여기서 잠깐, 나눗셈은 나누는 수의 역수를 곱하는 것과 같다는 것을 기억하고 있지요. 식은 다음과 같이 되겠네요.

$$A \div 4 = B \div 4 \Leftrightarrow \frac{A}{4} = \frac{B}{4}$$

지금까지 내용을 정리하면 등식의 양변에 같은 값을 곱하거나 영이 아닌 수로 나누어도 등식은 성립한다는 것입니다. 잘 이해할 수 있겠지요?

그러면 한나의 케이크 만들기를 통해서 살펴본 등식의 성질 4가지를 다시 정리해 보도록 하겠습니다.

① 양변에 같은 수를 더하여도 등식은 성립한다.
② 양변에서 같은 수를 빼도 등식은 성립한다.

**양변** 등식에서 좌변과 우변 모두를 말할 때 양변이라고 한다.

③ 양변[2]에 같은 수를 곱하여도 등식은 성립한다.

④ 양변을 0이 아닌 같은 수로 나누어도 등식은 성립한다.

지금까지 일차방정식이란 무엇인지 그 개념과 등식의 성질 4가지에 대하여 공부했습니다. 잘 익혀서 여러분의 지식이 되도록 노력합시다. 그럼 다음 시간에 만나요.

**❶** 등식이란 단항식 혹은 다항식에 등호를 사용하여 나타내는 관계식을 말합니다.

**❷** 방정식이란 문자가 포함되어 있는 어떤 등식에서 그 문자에 특정한 값을 대입할 때에만 등식이 참이 되어 성립하는 것을 말합니다.

**❸** 등식의 성질

① 양변에 같은 수를 더하여도 등식은 성립한다.

② 양변에서 같은 수를 빼도 등식은 성립한다.

③ 양변에 같은 수를 곱하여도 등식은 성립한다.

④ 양변을 0이 아닌 같은 수로 나누어도 등식은 성립한다.

# 일차방정식의
# 역사

일차방정식은 언제부터 사용되었던 걸까요?
린드 파피루스를 통해서 알아봅니다.

세 번째 학습 목표

일차방정식이 사용되었던 역사적 유래를 알 수 있습니다.


## 미리 알면 좋아요

**고대 이집트 아메스 파피루스** 또는 린드 파피루스

파피루스에 기록한 아메스의 수학서. 고대 이집트 시대의 서기書記 아메스는
BC 1600년경 파피루스라고 불리는 사초과의 식물섬유로 만든 서사재료書寫材
料에 산술, 대수代數, 기하 등을 기록하여 남겼다. 이것이 곧 아메스 파피루스
로, 거기에는 '지름이 9, 높이가 10인 원통형의 사일로의 용적'을 구하는 문
제 등이 있으며 그에 대한 해답도 나와 있다.

디오판토스의
세 번째 수업

지난 시간에는 일차방정식의 개념과 등식의 성질에 대하여 알아보았습니다. 하나하나 알아가는 과정이 참 흥미롭지요?

자, 그럼 오늘은 우리 선조들이 방정식의 개념을 생활 속에서 어떻게 사용하였는지, 또 그러한 개념을 어떻게 수학적으로 표현하며 해결하였는지 알아보기 위해 과거로 여행을 떠나 봅시다.

옛날 사람들도 지금 우리처럼 방정식을 문자를 이용한 식으로 표현하여 사용하였을까요? 그렇지 않습니다. 수학이 많이 발전하기 전에는 수학적 내용을 지금처럼 간단한 수식으로 표현하지 못하였습니다. 그러나 시간이 흐르고, 사람들의 수학에 대한 지적 호기심이 커지고 그에 따라 지식이 발달하면서 여러 가지 복잡한 내용을 좀 더 간단하게 표현할 수 없을까하고 고민하게 되었지요.

이러한 노력은 세계의 각지에서 이루어졌는데 동양에서는 기원전 1세기경 한漢대에 완성된《구장산술九章算術》에서 찾아볼 수 있습니다.

《구장산술》이라는 것은 '산술에 관한 아홉 개의 장'을 말합니다. 각 장에는 측량, 농업, 공동경영, 공학, 세금징수, 계산, 방정식의 풀이 방법, 직각삼각형의 성질 등 그 당시의 시대상을 반영하는 실용 수학의 문제를 담고 있습니다. 8장 방정에는 미지수가 3개인 연립일차방정식을 다루고 있으며, 오늘날과 거의 같은 풀이 방법으로 풀고 있습니다. 정말 놀랍지요?

　우리가 사용하는 방정식方程式이라는 용어는 이 책에서 유래를 찾을 수 있습니다. 이 책에서는 연립방정식의 계수들을 마방진과 같은 틀 안에 써 놓고 이리저리 더하고 빼서 해를 구합니다. 따라서 사각형方 안에서 이루어지는 과정程이라는 의미에서 방정方程이라고 했다고 합니다. 또 다른 유래는 '방方'은 비교한다는 뜻을 담고 있고, '정程'은 수數의 뜻을 담고 있습니다. 이러한 의미를 갖는 문자의 결합으로 방정은 두 수를 비교하여 같은 수로 만든다는 것을 의미합니다. 이러한 유래에서 방정식이라는 용어가 나오게 되었다고 하네요.

　비슷한 어원을 영어 equation이퀘이션;방정식에서 볼 수 있습니다. 이것은 equal이퀄;같은, 같다과 어원이 같은데 '두 양을 같다고 놓은 것' 이라는 뜻입니다. 이렇게 어원을 찾아보니 우리가 사용하는 방정식이라는 용어와 영어의 equation이 같은 의미를 내포하고 있다는 사실을 잘 알 수 있겠지요?

방정식의 개념이 사용된 기원은 고대에서부터 찾을 수 있습니다. 그러나 방정식의 내용을 담고 있어도 지금과 같이 문자를 사용하여 등식을 이용하지는 않습니다. 기원전 19세기에 이집트의 승려 아메스가 남긴 파피루스에는 분수의 계산을 비롯하여 많은 수학 문제가 나와 있는데 그 중에는 '아하 문제' 라는 것이 있습니다. 이 방정식이 역사상 가장 오래된 방정식이라고 합니다. 그 방정식 문제를 한번 살펴볼까요? 참, 여기에서 '아하' 는 모르는 어떤 수를 의미합니다.

디오판토스가 들려주는 일차방정식 이야기

'아하' 와 '아하' 의 $\frac{1}{7}$ 의 합이 19일 때, '아하' 를 구하여라.

여러분은 이 문제를 쉽게 해결할 수 있나요? 여러 가지 방법으로 해결할 수 있겠지만 앞으로 우리가 배우게 될 방정식과 그 풀이 방법을 이용한다면 가장 쉽고 빠르게 해결할 수 있을 것입니다. 그럼 파피루스에 실려 있는 문제를 수식으로 표현해 볼까요? '아하' 대신에 어떠한 것을 써야할까요? 그렇지요, 방정식을 나타내기 위해서는 먼저 우리가 구하고자 하는 어떤 수를 문자 $x$로 놓습니다. 물론 문자 $x$ 대신에 다른 알파벳 $t$, $r$, $s$, $p$ 등 다양한 문자를 사용할 수도 있습니다. 그러나 일반적으로 하나의 방정식을 표현할 때에는 문자 $x$를 종종 쓴다고 하였지요?

'아하' 와 '아하' 의 $\frac{1}{7}$ 의 합이 19일 때, '아하' 를 구하여라.

'아하' ➡ $x$

$$x + \frac{x}{7} = 19$$

이 문제를 수식으로 표현하면 위와 같이 되겠군요. 이 방정식을 풀면 $x = \frac{133}{8}$ 이 됩니다. 앞으로 우리가 방정식의 해를 구하는 방법을 배우게 되면 $x$의 값도 쉽게 구할 수 있게 될 것입니다.

아직 방정식의 풀이 방법을 배우지 않았으니 해를 구하는 과정을 그냥 넘어가도록 하지요.

이집트의 파피루스에 남겨진 방정식 외에 여러 역사적 유적들에서 방정식을 찾아볼 수 있습니다. 다음은 고대 유클리드의《그리스 시화집》에 나와 있는 문제를 소개하겠습니다.

노새와 당나귀가 터벅터벅 자루를 운반하고 있습니다.
너무도 짐이 무거워서 당나귀가 한탄하고 있습니다.
노새가 당나귀에게 말했습니다.
"연약한 소녀가 울듯이 어째서 너는 한탄하고 있니? 네가 진 짐의 한 자루만 내 등에다 옮겨 놓으면 내 짐은 너의 배가 되는 걸. 내 짐 한 자루를 네 등에다 옮기면 나와 너는 같은 수가 되는 거다."
수학을 아는 사람들이여, 어서어서 가르쳐 주세요.
노새와 당나귀의 짐이 몇 자루인지를.

수학 문제라고 생각할 수 없을 만큼 수식이나 기호들이 전혀 없네요. 그 시대에는 수학 문제를 간단한 수식으로 표현하지 못

디오판토스가 들려주는 일차방정식 이야기

했답니다. 그렇지만 우리는 이 문제를 간단한 방정식으로 만들 수 있겠지요? 우리 같이 방정식을 만들어 볼까요?

내<sub>노새</sub> 짐 한 자루를 네<sub>당나귀</sub> 등에다 옮기면 나와 너는 같은 수가 되는 거다.

먼저 노새의 짐 1자루를 당나귀에게 옮기면 같은 수가 되므로 노새는 당나귀보다 2자루의 짐을 더 지고 있는 것이네요. 그러면 당나귀의 짐을 $x$라고 놓고 식을 세워 봅시다.

당나귀의 짐 : $x$

노새의 짐 : $x+2$

네<sub>당나귀</sub>가 진 짐의 한 자루만 내<sub>노새</sub> 등에다 옮겨 놓으면 내 노새 짐은 너<sub>당나귀</sub>의 배가 되는 걸.

$2(x-1)=(x+2)+1$

이 방정식을 풀면 $x=5$가 됩니다.

따라서 당나귀의 짐은 5자루가 되고, 노새의 짐은 7자루가 되겠지요.

《그리스 시화집》에 나와 있는 문제를 현재 우리가 사용하는 방정식의 형태로 잘 나타낼 수 있었나요? 모두 잘 이해하고 따라왔으리라 믿습니다.

지금까지 소개한 것 이외에도 여러 책에서 방정식의 개념이 들어 있는 문제들을 살펴볼 수 있습니다.

방정식은 여러 나라에서 다양한 형태로 발전하기 시작하였는데 특별히 방정식에 대하여 체계적으로 연구한 사람이 있었습니다. 그 사람은 지금과 같은 방정식의 형태로 발전하는 데에 중요한 발판 역할을 하였지요. 대단한 사람이지요. 그 사람이 누굴까요? 하하하, 바로 나 디오판토스Diophantos, 246?~330?입니다. 나는 방정식의 역사에 큰 획을 그은 인물이라는 평을 듣습니다. 나의 수학적 업적은 이후 유럽의 수론, 정수론, 대수론을 연구하는 학자들에게 많은 영향을 주었지요. 여러분들에게 방정식에 대하여 소개해줄 만하지요?

대수학의 발전에 큰 역할을 한 나의 묘비에는 생전에 나의 수학적 재능을 집약적으로 보여 주듯이 일생에 대해 다음과 같이 적고 있습니다.

자, 그럼 다음 묘비의 글을 보고, 내가 몇 살까지 살았는지 맞추어 볼까요?

이 무덤 아래 디오판토스가 잠들다.

이 경이에 찬 사람,

여기 잠이 든 이의 기예의 힘을 빌려 여기에 그의 나이를 적는다.

신은 디오판토스에게 일생의 $\frac{1}{6}$을 소년으로 지낼 것을 허락하였고,

또 일생의 $\frac{1}{12}$은 청년 시절이었다.

그 뒤 일생의 $\frac{1}{7}$을 독신으로 지내다가,

결혼한 지 5년 뒤에 아들이 태어났다.

그의 말년에 태어난 가엾은 아들!

아들은 아버지의 전 일생의 반을 산 뒤 냉혹하게 죽었다.

아들이 죽은 뒤, 아버지는 4년간 이 수학을 하면서 슬픔을 달랜 뒤 삶을 마쳤다.

이 비문을 보고, 나의 나이를 계산해 봅시다.

방정식에서는 구하고자 하는 값, 즉 디오판토스의 나이를 $x$라고 하고 식을 세웁니다.

$x$ : 디오판토스의 나이

| 탄생 | | 사망 |

디오판토스가 들려주는 일차방정식 이야기

디오판토스의 나이를 $x$라고 한다면,

일생나이의 $\dfrac{1}{6}$을 소년으로 지냄 ➡ $\dfrac{1}{6}x$

일생의 $\dfrac{1}{12}$을 청년으로 지냄 ➡ $\dfrac{1}{12}x$

일생의 $\dfrac{1}{7}$을 독신으로 지냄 ➡ $\dfrac{1}{7}x$

5년 뒤에 아들이 태어남 ➡ 5

아들은 아버지의 일생의 반을 산 뒤 죽음 ➡ $\dfrac{1}{2}x$

아들이 죽은 뒤 4년간 수학을 연구하다 생을 마감함 ➡ 4

각각의 항목을 모두 합하면 디오판토스의 나이가 됩니다.

➡ $\dfrac{1}{6}x + \dfrac{1}{12}x + \dfrac{1}{7}x + 5 + \dfrac{1}{2}x + 4 = x$

이 식을 풀면 나의 나이 $x=84$, 즉 84세임을 알 수 있습니다. 이렇게 방정식을 세우고 해를 구하면 원하는 값을 쉽게 얻을 수 있습니다.

나 디오판토스가 방정식에 관련된 연구를 하기 이전에는 기호가 쓰이지 않았습니다. 나는 지금의 방정식이 탄생할 수 있도록 기호를 사용하여 방정식의 초석을 쌓는 데 큰 역할을 한 셈이지요. 이후 지금의 방정식의 모습을 갖추게 되기까지는 16세기 프랑스의 수학자 비에트의 역할이 매우 컸습니다.

지금까지 나와 함께 방정식이라는 용어의 유래와 방정식의 역사에 대해서 간단히 살펴보았습니다. 지금 우리보다 문명이 많이 발전하지 못한 시대의 사람들도 실생활에 방정식이 필요하다는 것을 깨닫고, 비록 수식은 아니지만 그것을 문장, 표, 그림 등으로 표현하고 해결하려는 다양한 노력을 하였습니다. 우리는 수학이 많이 발전한 시대에 살기 때문에 쉽게 수식을 이용하고 그 법칙에 따라 해결할 수 있지요. 우리가 지금처럼 쉽게 수학 문제를 해결할 수 있는 것은 우리의 선조들의 이러한 노력 덕분입니다. 다음 시간에는 우리의 선조들은 어떠한 방식으로 방정식을 해결하였는지 그들의 방정식 풀이 방법을 살펴보도록 하겠습니다. 그럼 다음 시간에 만나도록 하지요.

## 세번째
# 수업 정리

**1** 기원전 19세기 이집트의 아메스가 남긴 파피루스에는 실생활을 반영하는 일차방정식의 문제를 찾아볼 수 있습니다.

**2** 고대 그리스 유클리드가 쓴 시화집에서 시의 형태로 쓰여진 방정식 문제를 찾아볼 수 있습니다.

**3** 디오판토스의 묘비에는 그가 몇 살까지 살았는지 알 수 있는 방정식 문제가 적혀 있습니다.

# 선조들의 일차방정식에 대한 여러 가지 해법

이집트, 그리스, 《구장산술》, 《산반서》에 나오는
여러 가지 일차방정식 풀이법을 알아봅니다.

선조들의 여러 가지 일차방정식 풀이 방법을 알 수 있습니다.

## 미리 알면 좋아요

### 1. 삼각형의 닮음

① 대응하는 세 변의 길이의 비가 같은 두 삼각형은 서로 닮음이다.SSS닮음

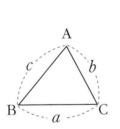
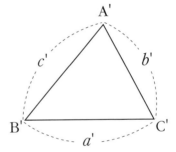

$$a:a'=b:b'=c:c'$$ 이면, 즉 $\dfrac{a}{a'}=\dfrac{b}{b'}=\dfrac{c}{c'}$ 이면 $\triangle ABC \backsim \triangle A'B'C'$

② 대응하는 두 변의 길이의 비가 같고, 그 끼인각의 크기가 같을 때, 두 삼각형은 서로 닮음이다. SAS닮음

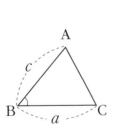
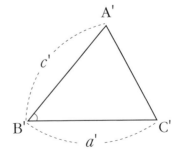

$a:a'=c:c'$ ∠B=∠B'이면, 즉 $\dfrac{a}{a'}=\dfrac{c}{c'}$, ∠B=∠B'이면

△ABC∽△A'B'C'

③ 대응하는 두 각의 크기가 각각 같을 때, 두 삼각형은 서로 닮음이다.

AA닮음

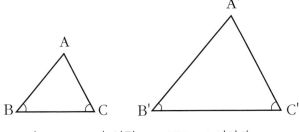

∠B=∠B' , ∠C=∠C' 이면,   △ABC∽△A'B'C'

## 2. 삼각형의 합동

① 대응하는 세 변의 길이가 각각 같으면 두 삼각형은 합동이다. SSS합동

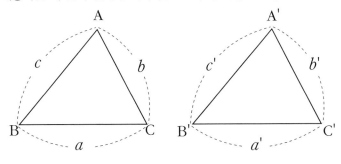

$a=a'$, $b=b'$, $c=c'$ 이면 △ABC≡△A'B'C'

② 대응하는 두 변의 길이가 각각 같고, 그 끼인각의 크기가 같으면 두 삼
각형은 합동이다. SAS합동

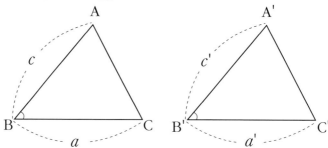

$a=a'$, $c=c'$, ∠B=∠B' 이면 △ABC≡△A'B'C'

③ 대응하는 한 변의 길이가 같고 대응하는 양 끝각의 크기가 같으면 두
삼각형은 합동이다. ASA합동

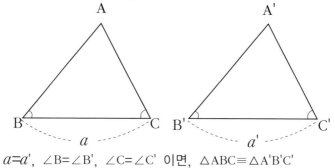

$a=a'$, ∠B=∠B', ∠C=∠C' 이면, △ABC≡△A'B'C'

## 3. 삼각형의 닮음

두 식의 비가 같음을 나타낸 것을 비례식이라고 하고 $a:b=c:d$의 꼴로 나
타냅니다. 비례식은 '내항의 곱은 외항의 곱과 같다'는 성질을 가지고 있
습니다. 즉 $a:b=c:d$라는 비례식에서 $bc=ad$가 성립하게 됩니다.

디오판토스의
네 번째 수업

오늘은 옛날 사람들이 일차방정식을 어떻게 해결하였는지 그 방법을 한번 살펴보도록 하겠습니다. 물론 이러한 방법을 지금 외워 두어야 할 필요는 없습니다. 왜냐하면 우리는 이미 쉽고 간단하게 방정식을 해결하는 풀이 방법을 알고 있기 때문이지요. 단지 선조들이 어떠한 방법으로 방정식을 풀었는지 그들의 지혜와 능력을 엿보면서 수학을 다양한 시각에서 바라보기를 바랍니다.

과거 사람들이 일차방정식을 어떻게 풀었는지 살펴보기 위해, 먼저 고대 그리스인들의 방정식 풀이 방법을 살펴보도록 합시다. 고대 그리스 시대에는 특히 기하학이 발달했는데, 방정식의 풀이도 기하학적으로 해결한 것을 볼 수 있습니다. $ax=bc$의 형태의 일차방정식의 해를 구하는 방법은 작도[3]를 하여 비례식을 이용하는 것이었습니다. 우리 다 같이 한번 살펴보도록 하지요.

**[3] 작도** 주어진 조건에 알맞은 도형을 그리는 일. 기하학에서 작도라 하면 자와 컴퍼스만을 사용하여 작도하는 일을 뜻함.

### ▨ 고대 그리스인들의 기하학적 풀이 방법

$ax=bc$인 $x$에 관한 일차방정식의 해를 구하시오.

해를 구하기 위해 다음과 같이 작도를 합니다.

$\overline{AB}=a$, $\overline{BC}=c$, $\overline{AD}=b$인 선분을 그리고 $\overline{BD}$와 평행한 $\overline{CE}$를 작도한다. 그러면 $\overline{DE}$의 값을 알 수 있고 그것이 곧 $\overline{DE}=x$이다.

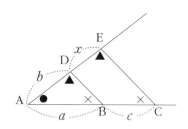

디오판토스가 들려주는 일차방정식 이야기

위의 작도는 다음과 같이 증명이 가능합니다.

△ABD∽△ACE AA닮음이므로 $a:(a+c)=b:(b+x)$가 성립합니다. 이 비례식❶을 내항의 곱은 외항의 곱과 같다 ❹

는 성질을 이용하여 풀면 다음과 같습니다.

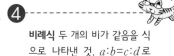

**비례식** 두 개의 비가 같음을 식으로 나타낸 것. $a:b=c:d$로 나타냄.

$$a:(a+c)=b:(b+x)$$

외항, 내항

$$a(b+x)=b(a+c)$$

$$ab+ax=ab+bc$$

$$ax=bc$$

따라서 $ax=bc$라는 방정식이 되고 이를 만족하는 $x=\overline{DE}$가 되는 것이지요.

또한 면적에 의한 방법으로도 일차방정식 $ax=bc$의 해를 구할 수 있었습니다. 먼저 다음과 같이 작도를 해 봅시다.

$\overline{AB}=a$, $\overline{BC}=b$, $\overline{CD}=c$인 선분을 그리고 넓이가 $bc$인 직사각형 EBCD를 그린다. 그림과 같이 □FHGD가 직사각형이 되고 $\overline{FG}$가 대각선이 되도록 점 F, G, H를 잡으면 $\overline{AH}=x$이다.

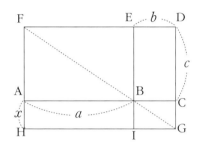

위의 작도는 다음과 같이 증명이 가능합니다.

△FHG ∽ △GDF SSS 합동이고,

여기에서 □FABE와 □BIGC를 빼면,

□AHIB=□BCDE가 됩니다.

따라서 $ax=bc$이고 이것을 만족하는 $x=\overline{AH}$가 됩니다.


지금까지는 고대 그리스 시대에 $ax=bc$ 형태의 일차방정식을 기하학적으로 풀었던 방법에 대하여 살펴보았습니다.


다음은 기원전 1세기경 한漢대에 완성된 《구장산술九章算術》에서 소개하고 있는 일차방정식의 풀이 방법을 살펴보도록 합시다. 《구장산술》은 8개의 세부적인 장으로 나뉘어져 있는데, 영盈, 부족不足이라는 말에서 유래한 영부족장은 제 7장에 해당합니다. 이 7장에서는 과부족過不足 문제를 다루고 있습니다. 과부족이라는 것은 남거나 부족한 것을 가정할 때 알맞은 수를 구하는 것입니다. 자, 그러면 어떠한 문제가 있었는지 살펴보도록 합시다.

### ▨ 《구 장 산 술》에  소 개 된  과 부 족  문 제

공동으로 물건을 구입한다고 할 때, 각 사람이 8전씩 내면 3전이 남고, 각 사람이 7전씩 내면 4전이 부족하다고 한다. 사람 수와 물건 값은 각각 얼마인가?

먼저 《구장산술》의 해법을 한번 보도록 합시다.

각 사람이 낸 돈과 과부족한 수를 아래와 같이 쓰고, 서로 교차하여 곱합니다.

각 사람이 낸 돈  :  ⑧전, ⑦전

과부족한 수  :  ③전, ④전

$8 \times 4 = 32, \ 7 \times 3 = 21$

다음으로 두 수를 더합니다.

$32 + 21 = 53$

더한 값을 각 사람이 낸 돈의 차로 나누어서 그 결과를 물건 값으로 합니다.

$$\frac{53}{8-7} = \frac{53}{1} = 53$$

따라서 물건값 : 53전

과부족한 두 수를 더하여 각 사람이 낸 돈의 차로 나누어서 그 결과를 사람 수로 합니다.

$$\frac{4+3}{8-7} = \frac{7}{1} = 7$$

따라서 사람 수 : 7명

마지막으로 이탈리아의 피보나치가 저술한 《산반서》에 소개되어 있는 일차방정식에 관한 내용을 살펴보도록 합시다. 《산반서》에 소개되어 있는 본래의 문제에서는 7개의 문을 통과하는 내용이 나오는데, 여기에서는 3개의 문을 통과하는 것으로 문제를 간단하게 소개하도록 하겠습니다.

어떤 사람이 3개의 문을 통과하여 과수원에 들어가서 얼마 정도의 사과를 땄다. 그가 과수원을 떠날 때, 첫 번째 문에서 문지기에게 딴 사과의 절반을 주고 한 개를 더 주었고, 두 번째 문에서 문지기에게도 나머지 사과의 절반을 주고 1개를 더 주었다. 세 번째 문에서는 같은 방법으로 문지기에게 사과를 나누어 주었다. 그랬더니 그에게는 단 한 개의 사과만 남았다. 그가 처음 딴 사과의 개수는 모두 몇 개인가?


이 문제는 역산법逆産法을 사용하여 푸는 방법을 소개하고 있습니다. 인도의 천문학자 아리아비타Aryabhata, 467~550?는 역산법에 대하여 다음과 같이 이야기 하였다고 합니다.

"승법은 제법으로, 제법은 승법으로, 이득은 손실이 되고, 손실은 이득이 된다. 이것이 역산이다. 역산은 고대인도 사람들이 주로 사용했던 방법으로 가장 마지막 수에서 거꾸로 풀어 가면서 답을 구하는 방법이다."

자, 그러면 우리들도 다 같이 역산법을 이용하여 위의 문제를 해결해 볼까요?

◎ 마지막 남은 사과 : 1개

◎ 세 번째 문 통과하기 전 남은 사과 : 2(1+1)=4개

◎ 두 번째 문 통과하기 전 남은 사과 : 2(4+1)=10개

◎ 첫 번째 문 통과하기 전 남은 사과 : 2(10+1)=22개

따라서 처음 딴 사과의 개수는 22개이다.

여러분들도 쉽게 역산법을 할 수 있었지요? 선조들은 수학을 체계적으로 발전시킬 수 있는 과학적 지식과 풍부한 창의력을 가지고 있었음을 알 수 있었습니다. 오늘 수업에서는 선조들이 어떠한 방법으로 일차방정식을 해결하였는지 그 풀이 방법에 대하여 4가지 역사적 자료들을 살펴보았습니다. 선조들은 우리가 사용하는 식의 계산 형태는 아니더라도 논리적이고 체계적인 방법으로 해결하였다는 것을 알 수 있었습니다. 이러한 풀이 방법들을 지금 그대로 사용하기에는 복잡하고 비효율적인 부분이 있지만 문제를 해결하는 수학적 논리 체계, 기하학적 아이디어를 이용하는 직관력 등을 배울 수 있습니다. 그럼 오늘 수업은 여기에서 마치기로 하고 다음 시간에 만나기로 하지요.

**1** 고대 그리스인들은 기하학적인 방법으로 일차방정식을 해결하였습니다.

**2** 《구장산술》에서는 과부족수를 이용하여 일차방정식의 풀이 방법을 소개하고 있었습니다.

**3** 《산반서》에 나오는 일차방정식은 역산법을 이용하여 해결하였습니다.

# 일차방정식과
# 그 풀이

이항을 비롯한 일차방정식의 풀이 방법을 알아봅니다.

다섯 번째 학습 목표

1. '이항'이 무엇인지 이해할 수 있습니다.

2 일차방정식의 풀이 방법을 알 수 있습니다.

## 미리 알면 좋아요

1. 분수의 사칙연산

① 덧셈·뺄셈 : 분모를 같게 통분합니다.

예) $\dfrac{1}{2} + \dfrac{2}{3} = \dfrac{1 \times 3}{2 \times 3} + \dfrac{2 \times 2}{3 \times 2} = \dfrac{3}{6} + \dfrac{4}{6} = \dfrac{7}{6}$

예) $\dfrac{1}{4} - \dfrac{1}{3} = \dfrac{1 \times 3}{4 \times 3} - \dfrac{1 \times 4}{3 \times 4} = \dfrac{3}{12} - \dfrac{4}{12} = -\dfrac{1}{12}$

② 곱셈 : 약분되는 것은 먼저 약분하고 분자는 분자끼리 분모는 분모끼리 곱합니다.

예) $\dfrac{\overset{1}{\cancel{3}}}{\underset{2}{\cancel{14}}} \times \dfrac{\overset{1}{\cancel{7}}}{\underset{5}{\cancel{15}}} = \dfrac{1}{2} \times \dfrac{1}{5} = \dfrac{1}{10}$

③ 나눗셈 : 제수의 역수<sub>분모와 분자를 바꾼</sub> 수를 곱하여 줍니다.

예) $\dfrac{9}{16} \div \dfrac{3}{8} = \dfrac{9}{16} \times \dfrac{8}{3} = \dfrac{\overset{3}{\cancel{9}}}{\underset{2}{\cancel{16}}} \times \dfrac{\overset{1}{\cancel{8}}}{\underset{1}{\cancel{3}}} = \dfrac{3}{2}$

2. 어떤 수에 0을 곱하면 그 결과는 항상 0입니다.

예) $234 \times 0 = 0$

3. **분배법칙** 임의의 수 $a$, $b$, $c$ 에 대하여 $a \times (b+c) = (a \times b) + (a \times c)$이 성립하는 것을 말합니다.

예) $2 \times (3+4) = (2 \times 3) + (2 \times 4) = 14$

지난 두 번의 수업을 통해 방정식의 역사적 자료들을 살펴보
며, 지금 우리가 사용하는 방정식이 탄생하기까지 선조들의 지
혜와 지식이 밑바탕 되었다는 것을 잘 알 수 있었습니다.

자, 그렇다면 오늘은 다시 현재로 돌아와서, 일차방정식을
어떻게 풀이하는지 그 풀이 방법에 대하여 알아보도록 하겠습
니다.

일차방정식의 풀이 방법을 소개하기 위해 예를 들어 설명하도록 하지요. $x+3=5$인 $x$에 관한 일차방정식의 해를 구해 봅시다. 방정식에서 해를 구할 때는 대부분 좌변에는 $x$만 남도록 식을 정리해 주어야 합니다. 이렇게 하려면 우리가 지난 시간에 배운 등식의 성질을 이용하면 되는데, 한번 해 볼까요?

① $x+3=5$ → 좌변에 $x$만 남기는 것이 목표이다.
어떻게 하면 +3을 없앨 수 있을까?

② $x+3-3=5-3$ → 아! 양변에 −3을 하면 되겠구나.
왜? 등식의 양변에 같은 수를 더하거나 빼도 등식은 성립하니까.

③ $x=2$ → 계산하면 좌변은 $x$만 남고 우변은 2가 된다. 즉 우리가 구하고자 하는 $x$의 값은 2가 된다.

그런데, ②식에서 +3−3의 값은 0이므로, 이 부분을 생략하고 위의 식을 다시 써 보면,

①´ $x+3=5$ → 좌변에 $x$만 남기는 것이 목표이다!

②´ $x=5-3$ → 양변에 −3을 하면 되는데, 좌변의 +3−3의

디오판토스가 들려주는 일차방정식 이야기

값은 0이므로 생략하고 쓰자.

③´ $x=2$ → 그러면 우리가 구하고자 하는 $x$의 값은 2가 된다.


①´식과 ②´식을 보면 좌변의 +3이 우변으로 가면서 −3이 된 것을 알 수 있습니다. 이렇게 한 변에 있는 항을 부호만 바꾸어서 다른 변으로 옮기는 것을 이항이라고 합니다. 이항은 위에서도 살펴본 바와 같이 등식의 성질을 바탕으로, 그 과정을 간단히 한 것임을 알 수 있습니다. 이항을 이용하면 방정식의 해를 구하는 과정을 좀 더 간단히 할 수 있답니다.

①´ $x+3=5$ → ②´ $x=5-3$

이항

지금까지 등식의 성질을 이용해서 이항하는 것을 배웠습니다. 그렇다면 또 다른 형태의 일차방정식은 어떻게 풀어야 하는지 살펴봅시다. 등식의 성질에 의해 등식의 양변을 같은 수로 더하거나 빼거나 곱하거나 영이 아닌 수로 나누어도 등식은 여전히 성립하는 것을 잘 알고 있지요? 방정식의 해를 구하기 위해 다양한 모양을 가지고 있는 방정식의 형태를 등식의 성질을 이용하여 $x=$(숫자) 꼴로 바꾸면 일차방정식의 해를 구할 수 있답니다. 하나하나 예를 들어 살펴봅시다.

# 1. 이항

이항은 조금 전에 자세히 설명하였지요? 다시 한 번 정리해 봅시다. 일차방정식 $x-3=2$의 해는 어떻게 구할까요? 주어진 일차방정식을 $x=$(숫자) 꼴로 만들기 위해 좌변의 $-3$을 없애야 합니다. 어떻게 하면 될까요? 좌변의 $-3$을 우변으로 이항하면 됩니다. 여기서 잠깐, 이항할 때에는 $-3$이 $+3$으로 부호가 바뀐다는 사실을 잘 기억해야 합니다.

$$x-3=2$$
$$x=2+3$$
$$x=5$$

$-3$을 이항하면 $+3$이 된다.

식을 간단히 정리한다.

방정식을 풀어 해를 구한 다음에는 그 해가 정말 맞는지 확인해 보아야 합니다. 확인할 때에는 주어진 방정식에서 $x$ 대신 구한 해를 대입해 보고 등식이 참이 되는지 보면 됩니다. 자, $x$ 대신에 5를 대입해 보면 좌변은 $5-3=2$이고, 우변은 2이므로 좌변과 우변이 같으므로 해가 맞는다는 것을 확인할 수 있지요?

# 2. 방정식의 계수가 1이 아닌 경우

다음으로 주어진 방정식의 $x$의 계수[5]가 1이 아닌 경우를 알아볼까요? 일차방정식 $2x=10$을 풀어 봅시다. 주어진 방정식은 $x$앞에 2가 곱해져 있네요. 그러면 $2x=$숫자의 형태를 $x=$(숫자)의 형태로 만들어 주어야 하는데 어떻게 하면 될까요? 등식의 성질에서 양변을 0이 아닌 같은 수로 나누어 줄 수 있다고 하였으므로 양변을 2로 나누어 주면 되겠네요. 즉 다시 말해 양변에 $\frac{1}{2}$을 곱하면 $x$의 계수가 1인 $x=$(숫자) 형태로 만들 수 있을 것입니다.

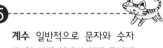

❺

**계수** 일반적으로 문자와 숫자로 된 어떤 식에서 어떤 문자에 주목했을 때, 그 문자 이외의 부분이 모두 그 문자의 계수이다. 예를 들어 $3x^2+2x$에서 계수는 3, 2이다

$$2x=10$$
$$\frac{2x}{2}=\frac{10}{2}$$ 양변을 $x$의 계수 2로 나눈다
$$x=5$$ 식을 간단히 정리한다.

## 3. 항이 여러 개가 있는 경우

다음은 항이 여러 개인 방정식은 어떻게 푸는지 알아보기 위해 일차방정식 $5x+2=3x+6$을 풀어 보도록 합시다. 좌변과 우변에 문자가 있는 항과 상수항이 함께 있네요. 어떻게 하면 이 식을 $x=$(숫자)의 형태로 바꾸어 줄 수 있을까요? 먼저 항이 여러 개인 방정식에서는 문자가 있는 항은 모두 좌변으로 모으고, 숫자만 있는 항<sub>상수항</sub>은 모두 우변으로 모으면 됩니다. 위에서 배운 이항을 해 주면 되겠지요. 한번 이항을 해서 좌변은 문자가 있는 항으로, 우변은 상수항으로 만들어 볼까요?

$$5x-3x=6-2$$

이것을 정리하면 $2x=4$가 되겠지요. 그 다음 $x$의 계수를 1로 만들기 위해 양변을 2로 나누어 주면 $x=2$라고 해를 구할 수 있습니다.

$$5x+2=3x+6$$
$$5x-3x=6-2$$
$$2x=4$$
$$x=2$$

$3x$는 좌변으로 $+2$는 우변으로 이항한다.

식을 간단히 정리한다.

양변을 2로 나누어 준다.

디오판토스가 들려주는 일차방정식 이야기

## 4. 방정식에 괄호가 있는 경우

다음은 방정식에 괄호가 있는 경우 어떻게 해결하는지 알기 위해 $2(3x-2)+2=-2x+4$를 풀어 봅시다. 먼저 일차방정식에 괄호가 있을 때에는 분배법칙을 이용하여 괄호를 먼저 풀어 줍니다. 그러면 $6x-4+2=-2x+4$가 됩니다. 식을 정리하면 $6x-2=-2x+4$가 되겠지요. 다음으로 문자가 있는 항은 좌변으로 상수항은 우변으로 이항합니다. $6x+2x=4+2$가 되겠네요. 다시 식을 정리하면 $8x=6$이 됩니다. 이제 양변을 8로 나누어 주면 $x=\dfrac{6}{8}$, 약분하면 $x=\dfrac{3}{4}$ 인 것을 알 수 있겠지요.

$$2(3x-2)+2=-2x+4$$

분배법칙으로 괄호를 푼다.

$$6x-4+2=-2x+4$$

문자 $x$가 있는 항은 좌변으로 상수항은 우변으로 이항한다.

$$6x+2x=+4+4-2$$

식을 간단히 정리한다.

$$8x=6$$

양변을 8로 나누어 준 다음 약분한다.

$$x=\frac{3}{4}$$

## 5. $x$의 계수가 소수인 경우

다음은 일차방정식의 계수가 소수인 경우에 대하여 알아보기 위해 $0.6x+2=0.4x+2.8$를 풀어 봅시다. 주어진 방정식의 계수가 소수인 경우는 양변에 10, 100 등을 곱하여 계수를 정수로 바꾸어 준 후, 지금까지 배운 방법으로 방정식을 풀어 줍니다. 양변에 10을 곱하면 $6x+20=4x+28$이 됩니다. 문자가 있는 항은 좌변으로 상수항은 우변으로 이항해 주면 $6x-4x=28-20$이 됩니다. 정리하면 $2x=8$이고 양변을 2로 나누어 주면 $x=4$가 됩니다. 계수가 소수인 경우 정수로 바꾸어 주기 위해 10, 100, 1000 등 적당한 수를 선택하여 양변에 곱해 준다는 사실 꼭 기억하도록 하세요.

$$0.6x+2=0.4x+2.8$$

$$6x+20=4x+28$$

$$6x-4x=28-20$$

$$2x=8$$

$$x=4$$

양변에 10을 곱해서 계수를 정수로 만든다.

문자 $x$가 있는 항은 좌변으로 상수항은 우변으로 이항한다.

식을 간단히 정리한다.

양변을 2로 나누어 준다.

## 6. $x$의 계수가 분수인 경우

다음은 일차방정식의 계수가 분수인 경우에 대하여 알아보기 위해 $\dfrac{x}{4}-\dfrac{1}{2}=\dfrac{3}{8}x+\dfrac{3}{4}$를 풀어 보도록 합시다. 먼저 $x$의 계수들이 분수이므로 이 분수계수를 정수계수로 바꾸어 주는 작업을 해야 합니다. 어떻게 하면 될까요? 그렇습니다. 분모들의 최소공배수를 양변에 곱해 준다면 정수계수로 바꿀 수 있을 것입니다.

$\dfrac{x}{4}-\dfrac{1}{2}=\dfrac{3}{8}x+\dfrac{3}{4}$에서 좌변의 $x$계수 $\dfrac{1}{4}$과 우변의 $x$계수 $\dfrac{3}{8}$의 분모의 최소공배수는 4, 8 의 최소공배수이므로 8이 됩니다. 따라서 양변에 8을 곱하여 주면 $8\left(\dfrac{x}{4}-\dfrac{1}{2}\right)=8\left(\dfrac{3}{8}x+\dfrac{3}{4}\right)$이 됩니다. 다음은 분배법칙으로 괄호를 풀어 주면 $2x-4=3x+6$ 이 됩니다. 그 다음은 어떻게 하면 될까요? 문자가 있는 항은 좌변으로 상수항은 우변으로 이항해 주면 되겠지요. 그러면 식이 $2x-$

$3x=6+4$가 되고 이 식을 정리하면 $-x=10$, 따라서 $x=-10$인 것을 알 수 있습니다. $x$의 분수계수를 없애기 위해 분수계수들의 분모의 최소공배수를 구해서 곱한다는 사실을 꼭 기억해야 합니다.

$$\frac{x}{4}-\frac{1}{2}=\frac{3}{8}x+\frac{3}{4}$$

양변에 8을 곱해서 계수를 정수로 만든다.

$$8\left(\frac{x}{4}-\frac{1}{2}\right)=8\left(\frac{3}{8}x+\frac{3}{4}\right)$$

분배법칙으로 괄호를 푼다.

$$2x-4=3x+6$$

문자 $x$가 있는 항은 좌변으로 상수항은 우변으로 이항한다.

$$2x-3x=6+4$$

식을 정리한다.

$$-x=10$$

$-x$를 $x$로 만들기 위해 양변에 $-1$을 곱한다.

$$x=-10$$

지금까지 일차방정식의 풀이 방법을 하나하나 유형별로 살펴보았습니다. 지금 배운 일차방정식의 풀이 방법을 이용하여 다음 일차방정식을 풀어 보도록 합시다.

$$2(x-1)=\frac{(x-4)}{3}-4$$

$$2x-2=\frac{(x-4)}{3}-4$$

$$6x-6=x-4-12$$

$$5x=-10$$

$$x=-2$$

디오판토스가 들려주는 일차방정식 이야기

여러분들 모두 위의 풀이 방법을 잘 이해할 수 있지요? 먼저 괄호를 풀고, 분모를 없애기 위해 분모 3을 양변에 곱해 주고 동류항끼리 정리하였더니, $x=-2$, 즉 이 방정식의 해는 $-2$라는 것을 알 수 있었습니다.

자, 또 다른 예를 살펴봅시다.

$2x+2=2(x+1)$

$2x+2=2x+2$

$2x-2x=2-2$

$0x=0$

어머나, 지금까지 우리가 배운 대로 괄호를 풀고 동류항을 정리하여 $x=$(숫자)의 형태로 바꾸어 주었는데 그 모습이 위의 경우와 다르네요. 어디 틀린 부분이 있었나요? 다시 확인해 보아도 $x=$(숫자)의 형태가 나오지 않네요. 그렇다면 $0x=0$이라는 식은 어떠한 의미를 담고 있고 답을 뭐라고 해야 할까요? $0x$는 $0 \times x$를 말하는데, $x$에 어떠한 값을 넣더라도 0을 곱하면 0이 되는 것을 알 수 있습니다. 따라서 $x$는 오직 하나의 값으로 존재하지 않고 무수히 많은 경우가 됩니다. 실제로 여러분들이 위의 방정식의 $x$에 원하는 어떠한 값을 넣어서 확인해 보세요. $x$가 무수히 많이 존재하지요? 자, 이러한 방정식의 경우는 '해가 무수히 많다' 혹은 '부정不定'이라고 합니다. 한자의 뜻을 그대로 해석해 보자면 '정해지지 않았다' 정도가 될 수 있겠네요.

또 다른 문제를 풀어 봅시다.

$$3(x-1)=3x+5$$
$$3x-3=3x+5$$
$$3x-3x=5+3$$
$$0x=8$$

우리가 알고 있는 방법대로 일차방정식을 풀어 보았습니다. 먼저 괄호를 풀고, 동류항끼리 정리하여 보니 $0x=8$이라는 형태가 남게 되었네요. 어떤가요? 단 하나의 해를 찾을 수 있었나요? 그렇지 않지요? 그렇다면 방금 전에 보았던 $0x=0$과 같나요? 그렇지도 않습니다. 위의 경우는 우변이 0이지만 지금은 우변이 8이니까요. $0x=8$이라는 식은 어떤 의미를 담고 있을까요? 좌변의

디오판토스가 들려주는 일차방정식 이야기

$0x$는 $0 \times x$를 뜻하는데 $x$에 어떤 값이 오더라도 0을 곱하니까 0
이 되지요. 그런데 우변은 8입니다. 좌변은 $x$에 어떤 값을 넣어
도 0인데 우변은 8이라……. 이 등식이 참이라고 할 수 있나요?
이 등식을 참이 되게 하는 $x$의 값을 우리가 찾을 수 있나요? 절
대 찾을 수 없습니다. 이러한 경우, 우리는 방정식의 '해가 없다'
라고 합니다. 좀 더 어려운 용어로는 '불능不能이다' 라고 표현하
지요. 한자를 그대로 해석해 보면 불가능하다, 즉 해를 찾는 것
이 불가능하다는 의미가 됩니다.

지금까지 일차방정식의 풀이 방법에 대하여 공부하였습니다.
또한 특별히 일차방정식의 해를 구할 때, 단 하나의 해가 구해지
지 않고 해가 무수히 많은 경우$0x=0$의 형태, 해가 없는 경우$0x=a$의
형태, $a \neq 0$에 대하여 알아보았습니다. 일차방정식의 풀이 방법을
잘 연습하여 능숙하게 사용할 수 있어야 합니다.

마지막으로 지금 배운 일차방정식의 풀이 방법을 다시 한 번
간단히 정리하고 오늘 수업을 마치도록 하겠습니다.

## 다섯번째 수업 정리

일차방정식의 풀이 방법

① 괄호가 있을 때에는 분배법칙으로 괄호를 먼저 푼다.

② 계수가 소수 또는 분수일 때에는 양변에 적당한 수를 곱하여 계수를 정수로 고친다.

③ 미지수 $x$를 포함하는 항은 좌변으로, 상수항은 우변으로 모은 다음 양변을 정리하여 $ax=b(a \neq 0)$ 꼴로 만든다.

④ 양변을 $x$의 계수 $a$로 나눈다. $(a \neq 0)$

⑤ 구한 해를 주어진 문제 $x$에 대입하여 맞는지 확인한다.

# 일차방정식의 활용

속력, 농도와 관련된 문제들을 통해
일차방정식을 활용해 봅니다.

## 여섯 번째 학습 목표

1. 일차방정식이 실생활에서 어떻게 사용되는지 이해할 수 있습니다.

2. 일차방정식의 활용 문제를 해결할 수 있습니다.

### 미리 알면 좋아요

1. 속력을 구하는 공식

$$속력 = \frac{거리}{시간}$$

2. 농도를 구하는 공식

$$소금물\ 농도 = \frac{소금의\ 양}{소금물의\ 양} \times 100$$

3. 단위 사이의 관계

$$1시간 \leftrightarrow 60분 \leftrightarrow 3600초 \ \rightarrow \ x시간 \leftrightarrow 60x분 \leftrightarrow 3600x초$$

$$1\text{km} \leftrightarrow 1000\text{m} \leftrightarrow 100000\text{cm}초 \ \rightarrow \ x\text{km} \leftrightarrow 1000x\text{m} \leftrightarrow 100000x\text{cm}$$

디오판토스의
여섯 번째 수업

지난 시간에는 일차방정식의 풀이 방법에 대하여 알아보았습니다. 수학이라는 학문은 얼핏 보면 공식과 이상한 기호들이 많고 복잡해서 재미없고 딱딱한 학문으로 보이지만, 그 원리를 탐구하면 우리의 생활과 매우 밀접하게 관련되어 있다는 것을 깨닫게 됩니다. 특히 요즈음과 같이 과학 문명이 발달한 시대에는 단 1시간도 수학, 과학의 도움 없이 살기 힘들다는 것을 느끼게 됩니다. 여러분들이 사용하는 컴퓨터, 시계, 스탠드, 휴대전화……. 정말 셀 수 없이 많은 문명의 이기利器 속에 수학적 원리가 살아 숨 쉬고 있답니다. 뿐만 아니라 여러분들이 합리적이고 논리적으로 사고하여 생각을 결정할 때에도 수학적 논리력이 필요합니다. 수학의 중요성을 이야기하다 보니 좀 길어졌네요. 오늘은 우리의 생활 속에 일차방정식이 어떻게 살아 숨 쉬고 있는지 한나와 영욱이의 일상을 살짝 엿보며 알아보도록 할까요?

한나와 영욱이는 오랜만에 나들이를 떠나려고 합니다. 막상 떠나려고 하니 이것저것 준비해야 할 것들이 꽤 많네요. 먼저 점심으로 먹을 김밥을 준비하기 위해 재료들을 사러 마트에 가서 고기, 당근, 시금치, 단무지, 어묵을 사고 2000원이 남았습니다. 마트를 나오려고 하는데, 아차! 달걀을 사지 않았군요. 둘은 다시 마트로 들어가서 달걀을 사려고 합니다. 달걀 파는 코너에 가 보니 달걀 한 개의 가격은 100원입니다. 그리고 12개가 들어 있는 세트를 구입하면 1000원이라고 합니다. 남아 있는 돈을 가지고 가장 저렴하게 달걀을 구입하고 싶은데 어떻게 사면 될까요?

먼저 남아있는 2000원 한도 내에서 100원짜리 달걀 몇 개를 살 수 있을까요?

살 수 있는 달걀을 개수를 모르므로 $x$라고 놓습니다.

100원 $\times$ $x$개 = 2000원

양 변을 100으로 나누어주면, 즉 $\frac{1}{100}$을 곱하면

$x$ = 20개 가 됩니다.


그런데 12개가 들어 있는 세트를 구입하면 1000원이라고 하

였지요?

그렇다면 남아 있는 2000원으로 몇 세트를 구입할 수 있지요?

1000원×$x$세트=2000원이라고 식을 세우면 $x$=2세트가 되겠지요.

그런데 1세트에 12개가 들어 있으니까 2세트를 사면 2×12=24 즉 24개를 구입한 셈이 되네요.

그럼 어떻게 구입해야 하지요?

당연히 12개가 1세트인 달걀을 2세트 구입하는 것이 낱개로 20개를 사는 것 보다 이익이겠네요. 그래서 한나와 영욱이는 한 세트에 12개의 달걀이 들어 있는 것을 2세트를 구입하였습니다.

알뜰살뜰 지혜롭게 장을 본 한나와 영욱이는 집으로 향하고 있습니다. 집으로 가는 길에 스포츠용품 가게에서 모자를 할인하고 있네요. 영욱이는 모자가 사고 싶었지만 마트에서 돈을 다 썼기 때문에 돈이 없네요. 그때 한나가 엄마가 주신 용돈으로 모아둔 비상금을 꺼내며 모자를 하나씩 사자고 합니다. 한나와 영욱이가 마음에 드는 모자를 하나씩 골라 계산대에 올려놓았더니 15000원이라고 합니다. 그리고는 계산원이 "남자 모자는 여자 모자보다 3000원이 비싸요."라고 합니다. 우선 15000원을 계산하고 나온 한나와 영욱이는 각각의 모자 가격이 궁금해졌습니다. 그래서 둘은 남자 모자, 여자 모자의 가격을 알아보기로 했습니다. 자, 각각의 모자는 얼마일까요?

먼저 여자 모자의 가격을 $x$원 이라고 하면 남자 모자의 가격은 3000원이 더 비싸다고 하였으므로 $x+3000$원이 되겠지요.

그리고 그 둘을 합해서 15000원이라고 했으니까,

$$x+(x+3000)=15000$$

$$2x+3000=15000$$

$$2x=12000$$

$$x=6000$$

이렇게 되므로 여자 모자의 가격은 6000원, 남자 모자의 가격은 9000원이었네요.

이제 나들이 준비가 거의 다 된 한나와 영욱이는 차비를 받아 여행을 떠나려고 합니다. 왕복 버스비가 필요한데, 한나는 중학생이므로 720원인데 초등학생인 영욱이는 얼마인지 알 수 없네요. 부모님은 버스비를 꼭 맞게 2340원을 주셨는데⋯⋯. 영욱이는 얼마를 내야 할까요?

영욱이의 버스 요금을 모르니까 : $x$원

왕복 버스 요금이므로

$2 \times 720$원$+2 \times x=2340$원

$x=450$원

영욱이의 버스 요금은 450원이었네요.

버스를 타고 도착한 한나와 영욱이는 입구 매표소에서 표를 사려고 합니다. 요금은 성인은 2000원이고 중·고등학생은 1500원, 초등학생은 1000원이라고 합니다. 그런데 매표소 직원들이 해결되지 않는 문제가 있는지 서로 머리를 맞대고 힘들게 풀고 있네요. 수학을 잘 하는 한나와 영욱이는 함께 도와 드리기로 했지요. 해결되지 않는 문제는 다음과 같은 것이었어요.

어제 하루 종일 팔린 표를 보니 1000원짜리 표는 1500원짜리

표의 두 배가 팔렸고, 2000원짜리 표는 1500원짜리 표보다 20
장이 적게 팔렸다고 합니다. 모두 500장의 표가 팔렸을 때 세 종
류의 표가 각각 얼마씩 팔렸는지 고민하고 있었습니다.

한나와 영욱이는 먼저, 다음과 같은 표를 만들어 보았습니다.

| 표의 종류 가격 | 성인 2000원 | 중고생 1500원 | 초등학생 1000원 |
|---|---|---|---|
| 팔린 개수 | $x-20$ | $x$ | $2x$ |

표를 보니 상황이 쉽게 이해가 가지요? 세 가지 표 사이에서 중
고생의 표가 기준이 되어 초등생, 성인과 비교되고 있으니까 중
고생 표의 개수를 $x$라고 놓으면, 초등학생 표는 그것의 두 배만
큼 팔렸으므로 $2x$, 성인 표는 중고생보다 20매 덜 팔렸으므로
$x-20$이 되겠네요. 이 모든 표를 합해서 500매가 팔렸다고 하므
로, 식으로 나타내면 다음과 같습니다.

$(x-20)+x+2x=500$

$4x-20=500$

$4x=520$

$x=130$매

매표소에서 문제를 잘 해결하고 유원지에 들어온 한나와 영욱이는 먼저 유람선을 탈 수 있는 곳으로 향하였습니다. 유람선으로 호숫가의 두 지점 A, B 사이를 왕복하는데, 갈 때에는 시속 20km로, 올 때에는 시속 10km로 1시간 동안 유람한다고 합니다. 둘은 들뜬 기분으로 유람선을 타고 시원한 바람을 맞으며 즐거운 시간을 보냈습니다. 그런데 한나와 영욱이는 한 가지 궁금한 점이 생겼습니다. 갈 때에는 시속 20km로 올 때에는 시속 10km로 1시간 동안 운행하였다면 두 지점 A와 B 사이의 거리는 얼마였을까? 궁금증이 많은 우리의 한나, 영욱 남매는 한번 해결해 봐야겠다고 생각하고 다음과 같이 적습니다.

두 지점 A, B 사이의 거리를 $x$km라고 하고,

시간= $\dfrac{거리}{속력}$ 이므로

갈 때 걸린 시간은 $\dfrac{x}{20}$ 시간

올 때 걸린 시간은 $\dfrac{x}{10}$ 시간

왕복 1시간이 걸렸으므로 $\dfrac{x}{20}+\dfrac{x}{10}=1$

양변에 20을 곱하면 $x+2x=20$

$3x=20$

$x=\dfrac{20}{3}$

디오판토스가 들려주는 일차방정식 이야기

따라서 두지점 사이의 거리는 $\dfrac{20}{3}$ km인 것을 알 수 있었습니다.

다음으로 한나와 영욱이는 산책을 하기로 하였습니다. 아래 그림과 같이 가로가 100m이고 세로는 얼마인지 모르는 직사각형 모양의 쉼터에 폭 2m의 산책로가 있습니다. 그리고 산책로 가운데에 있는 화단에서는 꽃을 심는 행사가 한참 진행되고 있었습니다. 가로, 세로가 1m씩 1m² 넓이마다 예쁜 꽃을 심기 위해 4416개의 예쁜 꽃모종을 준비하였다고 합니다. 전체 산책로의 세로 길이를 구하면 얼마가 될까요? 사람들이 머리를 맞대고 고민하고 있네요. 우리의 해결사 한나와 영욱이가 문제를 해결하기 위해 다시 도전하고 있습니다. 어떻게 해결하는지 한번 살펴봅시다.

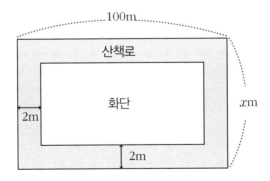

우선 화단의 넓이를 구하여 보면 다음과 같습니다.

화단의 가로 길이 : 100−4

화단의 세로 길이 : $x-4$

화단의 넓이 : $96 \times (x-4)$

그런데 화단을 1m²당 꽃모종 1개씩 심을 예정인데, 4416개의 모종이 준비되었다고 하니 화단의 넓이가 4416m²라고 알려준 셈이네요.

따라서 $96 \times (x-4) = 4416$이므로 이것을 계산하면 $x=50$이 됩니다.

산책을 마치고 한나와 영욱이는 시원한 음료수를 사 먹게 되었습니다. 그 음료수에는 8%의 비타민C 음료라고 쓰여 있습니다. 병을 제외한 이 음료의 전체 무게는 200g인데, 그렇다면 이 음료 안에는 몇 g의 비타민C가 들어 있는 것인지 한나와 영욱이는 궁금해졌습니다.

비타민C의 양을 한번 구해 볼까요?

$$\text{농도} = \frac{\text{비타민 C}}{\text{전체음료의 양}} \times 100$$

$$8 = \frac{x}{200} \times 100$$

$x = 16\text{g}$이 됩니다.

즉 200g의 이 음료 안에는 비타민C가 16g 들어 있어서 8%의 비타민C 농도를 갖는다는 사실을 알 수 있었습니다.

한나와 영욱이는 시원한 음료수를 다 마신 후, 발걸음을 집으로 향하였습니다. 오늘 하루를 생각하니 정말 즐겁고 뿌듯한 하루였습니다. 그리고 집으로 돌아오는 길에 생각해 보니, 우리 주변에서 일차방정식으로 해결해야 하는 문제가 자주 있다는 것을 깨닫게 되었습니다. 또한 일차방정식을 배우기 전에는 매우 복잡하게만 느껴졌던 문제들이 쉽게 해결되는 것을 보고 신기했습니다.

오늘 수업에서는 한나와 영욱이의 나들이 일과를 엿보면서 일차방정식이 일상생활에서 어떻게 적용되는지 간단하게 살펴보았습니다. 일상생활에는 여러 가지 다양한 상황이 발생할 수 있고, 그에 따라 무궁무진한 일차방정식이 만들어질 수 있겠지요. 중요한 것은 이러한 일차방정식을 세울 때, 우리가 구하고자 하는 미지의 값이 무엇인지 파악하고 그것을 미지수 $x$로 놓고, 적절히 식으로 표현하는 능력을 키우는 것입니다.

그러기 위해서는 기본적으로 알아야 하는 수학적 지식들도 있습니다. 예를 들면, 직사각형의 넓이를 구하는 공식이라던지, 무엇이 무엇보다 크다, 작다, 많다, 적다를 식으로 표현하는 방법이라던지, 농도의 개념이라던지, 속력의 개념 등을 알고 있어야 합니다. 이러한 것을 잘 알고 식으로 표현할 수 있다면 일차방정식의 활용 부분은 정복했다고 해도 과언이 아니지요.

그러면 일차방정식의 활용 문제에 자신감이 생겼나요? 아직 부족하다고요? 그렇다면 일차방정식에서 가장 자주 등장하고 여러분들이 어려워하는 농도 문제와 속력 문제에 대하여 조금 더 자세히 설명을 하도록 하겠습니다.

## ▨농도 문제

먼저 농도 문제를 살펴봅시다. 20%의 소금물 100g이 있습니다. 이 문제에서 소금의 양은 얼마일까요? 이 문제를 보는 즉시 답을 할 수 있나요? 농도 문제는 정말 모르겠다고요? 아니면 공식을 써서 계산해 보아야 한다고요? 그렇게 답하는 학생들은 농도에 관한 개념을 잘 알고 있지 못해서 그렇습니다. 20%의 소금물 100g이 있다는 문제는 소금물 100g 중에 소금이 20%를 차지한다는 뜻을 가지고 있는 것입니다. 이것을 식으로 나타내어 계산하면 100×0.2=20, 즉 소금의 양은 20g이라고 쉽게 계산할 수 있는 것이지요.

'그렇다면 30%의 소금물 700g이 있습니다. 여기에서 소금의 양은 얼마일까요?' 라는 문제에 쉽게 답할 수 있나요? 전체 소금물 700g 중에 30%가 소금이므로 700×0.3=210, 즉 210g이 되는 것이지요.

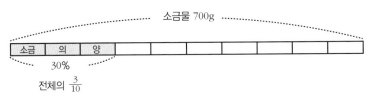

농도 문제는 '몇 %의 소금물 몇 g이 있다' 라는 말의 의미가 무엇인지 잘 알고 있으면, 거의 모든 문제를 잘 해결할 수 있습니다. 또한 농도를 구하는 공식 하나만 알고 있으면 다음과 같이 등식의 성질을 이용하여 소금의 양을 구하는 공식, 소금물의 양을 구하는 공식을 유도할 수 있습니다.

$$농도 = \frac{소금의 \ 양}{소금물의 \ 양} \times 100$$

$$\Leftrightarrow 소금의 \ 양 = \frac{농도}{100} \times 소금물의 \ 양$$

$$\Leftrightarrow 소금물의 \ 양 = \left( \frac{소금의 \ 양}{농도} \right) \times 100$$

또 어떤 학생들은 농도 문제가 다양한 형태이기 때문에 어렵다고 호소합니다. 그러나 농도와 관련된 문제를 정리해 보면 크게 다음 네 가지의 유형으로 정리해 볼 수 있습니다.

디오판토스가 들려주는 일차방정식 이야기

| | | | |
|---|---|---|---|
| 1 | 소금의 양<br>소금물의 양<br>모두 변함 | 두 소금물을<br>섞는 문제 | 22% 소금물 100g과 6% 소금물 300g이 있다.<br>두 소금물을 섞으면 농도는 어떻게 되겠는가?<br>풀이〉<br>22%소금물 100g ⇒ 소금의 양은 22g<br>6%소금물 300g ⇒ 소금의 양은 18g<br>두 소금물을 섞었으므로<br>소금물은 100+300=400g<br>소금은 22+18=40g<br>농도=$\frac{40}{400}$×100=10%<br>따라서 10%의 소금물이 된다. |
| 2 | | 소금물에<br>소금을<br>넣는 문제 | 1%의 소금물 100g이 있다. 여기에 몇 g의 소금을 넣으면<br>10%의 소금물이 되겠는가?<br>풀이〉<br>1% 소금물 100g ⇒ 소금의 양은 1g<br>10% 소금물 (100+$x$)g ⇒ 소금의 양은 (1+$x$)g<br>소금 (1+$x$)g이 전체 소금물 (100+$x$)g 중에서 10%를 차지<br>해야 하므로 $\frac{1+x}{100+x}$×100=10<br>계산하면 $x$=10g이 된다. |
| 3 | 소금의 양<br>불변<br>소금물의 양<br>변함 | 소금물에 물을 더<br>넣는 문제 | 20%의 소금물이 200g있다. 10%의 소금물을 만들려면 몇<br>g의 물을 더 넣어야 하는가?<br>풀이〉<br>20% 소금물 200g ⇒ 소금의 양은 40g<br>소금 40g이 전체 소금물 중에 10%를 차지하는 것이 되려<br>면 전체는 400g이 되어야 한다.<br>식으로 쓰면 $\frac{40}{x}$×100=10%, $x$=400g<br>따라서 200g의 물을 추가하면 된다. |
| 4 | | 소금물에 물을<br>빼는 문제<br><br>증발 문제 | 8%의 소금물 400g이 있다. 몇 g을 증발시키면 10%의<br>소금물이 되겠는가?<br>풀이〉<br>8% 소금물 400g ⇒ 소금의 양은 32g<br>소금 32g이 전체 소금물 $x$g 중에서 10%를 차지하는 것이<br>되려면 전체 소금물은 320g이 되어야 한다.<br>식으로 쓰면 $\frac{32}{x}$×100=10%, $x$=320g<br>따라서 80g을 증발시키면 된다. |

지금까지 농도와 관련된 문제들을 살펴보았습니다. '몇 %의 소금물 몇 g'이라는 말의 의미를 잘 알고 있고, 농도의 정의를 이해하고 있다면 어떠한 문제도 쉽게 해결할 수 있었지요?

### ▨ 속 력 문 제

그럼 다음으로 일차방정식의 활용에서 또 다른 대표 문제인 속력 문제에 대하여 알아보도록 하겠습니다. 속력과 관련된 문제에서 중요한 것은 단위에 대해 이해해야 한다는 것입니다. 속력의 정의가 매우 중요한데, 단위를 이해하면 정의 또한 쉽게 기억할 수 있습니다. 먼저 속력의 정의는 $속력 = \dfrac{거리}{시간}$입니다. 이 속력에 관한 공식은 외우고 있어야 하는 것이지만, 사실 속력의 단위만 보더라도 그 공식을 쉽게 알 수 있습니다. 속력의 단위는 m/s, km/min, km/h 등을 사용하는데 그 단위를 한번 살펴봅시다.

m/s는 거리를 나타내는 미터m를 시간 단위 초sec로 나눈 것을 의미하고, km/min은 거리를 나타내는 킬로미터km를 시간 단위 분min으로 나눈 것을 의미하며, km/h는 거리를 나타내는 킬로

디오판토스가 들려주는 일차방정식 이야기

미터km를 시간 단위 시간h으로 나눈 것을 나타내는 것입니다. 다시 말해, 속력의 단위 속에는 이미 속력=$\dfrac{거리}{시간}$이라는 공식을 내포하고 있는 것이지요. 속력을 구하는 공식, 이제는 쉽게 외울 수 있겠지요?

이 속력 구하는 공식만 안다면 나머지 시간을 구하는 공식, 거리를 구하는 공식은 등식의 변형을 통하여 아래와 같이 유도할 수 있습니다.

$$속력 = \dfrac{거리}{시간}$$
$$\Leftrightarrow 시간 = \dfrac{거리}{속력}$$
$$\Leftrightarrow 거리 = 속력 \times 시간$$

또한 속력 문제에서 중요한 것은 단위를 일치시켜야 한다는 것입니다. 문제에서 주어진 속력의 단위는 m/min인데, 주어진 시간의 단위는 시간hour이라면 이것은 시간을 분으로 고쳐야 하는 것입니다. 이렇게 단위를 일치시키기 위해서는 단위의 관계를 알고 있어야겠지요. 여러분들도 잘 알고 있겠지만 한번 정리해 보도록 합시다.

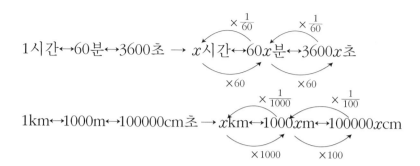

　이러한 단위 사이의 관계를 잘 기억하고 있어야 문제에 맞게 단위를 통일하여 식을 세우고 방정식의 해를 구할 수 있습니다. 단위를 변형해야 하는 속력 관련 문제 하나를 예로 들어 봅시다.

　　집에서 약속 장소까지 시속 5km로 걸으면 약속 시간 5분 후에 도착하고 시속 15km로 자전거를 타고 가면 20분 전에 도착한다. 집에서 약속 장소까지의 거리를 구하여라.

다 같이 풀어 봅시다.

다음과 같이 풀면 됩니다.

　집에서 약속 장소까지의 거리를 $x$km라고 한다면 시간=$\dfrac{거리}{속력}$ 인데, 도보는 약속 시간에서 5분이 더 소요된다고 하였으므로, 이것을 식으로 나타내면 다음과 같습니다.

$$\frac{x}{5} - \frac{5}{60}$$

└─── 5분을 시간으로 고침

자전거는 약속 시간에서 20분이 덜 소요됩니다. 이것도 식으로 나타내면 다음과 같습니다.

$$\frac{x}{15} + \frac{20}{60}$$

└─── 20분을 시간으로 고침

그런데 결국 출발할 때 남겨 둔 약속 시간은 일정하게 같은 것이었으므로 두개의 식이 같다는 것을 알 수 있지요.

$$\frac{x}{5} - \frac{5}{60} = \frac{x}{15} + \frac{20}{60}$$

위의 방정식을 풀어 봅시다. 양변에 60을 곱하면 $12x - 5 = 4x + 20$이 되고 동류항끼리 정리하면 $8x = 25$가 됩니다.

따라서 구하고자 하는 거리 $x = \frac{25}{8}$ km가 되는 것을 알 수 있습니다.

지금까지 일차방정식이 우리들의 실생활에서 어떻게 활용되는지 한나와 영욱이의 나들이를 통해 살짝 엿볼 수 있었습니다. 또한 일차방정식의 활용 문제 중에 가장 대표적이고 중요한 농도 관련 문제와 속력 관련 문제에 대하여 중요한 사항들을 정리해 보았습니다. 여러분들도 오늘 배운 내용을 실생활에 적용해 보면서 공부한다면 유익한 시간이 될 것입니다. 그럼 다음 시간을 기대하며 오늘 수업을 마치도록 하지요.

## 여섯번째
## 수업 정리

일차방정식의 활용 문제를 풀 때는 다음과 같은 순서를 따릅니다.


① 문제의 뜻을 파악하고, 구하려는 값을 미지수 $x$로 놓는다.

② 문제의 뜻에 따라 방정식을 만든다.

③ 이 방정식을 푼다.

④ 구한 해가 문제의 뜻에 맞는지 확인한다.

# 연립일차방정식의 유래

《구장산술》에서 소개된
연립방정식 문제와 풀이 방법을 살펴봅니다.

## 일곱 번째 학습 목표

연립일차방정식의 역사적 유래를 살펴봄으로써 선조들의 지혜를 알 수 있습니다.

### 미리 알면 좋아요

1. **일차방정식의 개념** 방정식이란, 문자가 포함되어 있는 어떤 등식에서 그 문자에 특정한 값을 대입할 때에만 등식이 참이 되어 성립하는 것을 말합니다. 이때 이 특정한 값을 그 방정식의 해 또는 근이라고 합니다. 특히, 방정식에 사용되는 문자의 차수가 1차인 경우 일차방정식이라고 합니다.

2. **연립방정식의 개념** 2개 이상의 미지수를 포함하는 2개 이상의 방정식의 쌍이 주어지고, 미지수가 주어진 모든 방정식을 동시에 만족할 것이 요구되어 있을 때, 이 방정식의 쌍을 연립방정식이라 합니다. 각 방정식을 동시에 만족시키는 미지수의 값의 쌍을 주어진 연립방정식의 해 또는 근이라 하고, 이것을 구하는 것을 연립방정식을 푼다고 합니다.

지금까지 우리는 미지수가 1개인 일차방정식에 대하여 알아보았습니다. 지금부터는 미지수가 2개인 연립일차방정식에 대하여 알아보고자 합니다. 그런데 과거의 사람들은 미지수가 2개인 방정식을 어떻게 사용하였을까요? 사용한 흔적이 남아있을까요? 궁금하지요? 나와 함께 과거로 시간 여행을 떠나 그 궁금증을 해결해 봅시다.

실제 생활 속에는 우리가 해결한 미지수가 1개인 문제보다는 좀 더 복잡한 문제를 해결해야 하는 경우가 많습니다. 미지수가 2개 이상인 일차방정식은 어떠한 내용을 담고 있으며 그 풀이 방법은 어떻게 되는지, 또 우리들의 실생활에 어떻게 이용되는지 앞으로 하나하나 알아볼 것입니다.

그런데 그 전에 과거의 사람들은 이렇게 미지수가 2개 이상인 방정식을 어떻게 해결하였는지 무지 궁금하네요. 간단한 수식으로 표현하지도 못했던 시기에 미지수가 여러 개인 방정식을 어떻게 풀 수 있었을까요?《구장산술》을 살펴보면서 과거의 사람들이 연립일차방정식을 어떻게 해결하였는지 한번 알아보도록 하지요.《구장산술》의 제 8장 방정장에서는 연립일차방정식의 문제, 답, 풀이를 다음과 같이 소개하고 있습니다.

상품벼 3단, 중품벼 2단, 하품벼 1단을 탈곡했더니, 벼 39말을 수확했고, 상품벼 2단, 중품벼 3단, 하품벼 1단에서 벼 34말을, 상품벼 1단, 중품벼 2단, 하품벼 3단에서 벼 26말을 수확했다고 한다. 그렇다면 상, 중, 하품벼 각각 1단에서 수확하는 벼의 양<sub>알곡수</sub>은 얼마인가?

① 방정술에 따라서 상품 3단, 중품 2단, 하품 1단의 벼 39말을 오른쪽 열에 놓는다. 나머지 중간 열, 왼쪽 열도 그렇게 한다.

| 1 | 2 | 3 |
|---|---|---|
| 2 | 3 | 2 |
| 3 | 1 | 1 |
| 26 | 34 | 39 |

② 중간 열에 오른쪽 열의 상품 볏단 수 3을 곱하여 오른쪽 열을 뺄 수 있을 때까지 빼서 적어도 하나의 수가 0이 될 때까지 빼고여기에서는 두 번 뺌, 왼쪽 열에서 오른쪽 열의 상품 볏단 수 3을 곱하여 오른쪽 열을 뺄 수 있을 때까지여기에서는 한 번 뺌 적어도 하나의 수가 0이 될 때까지 뺀다.

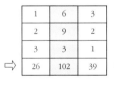

③ 그런 다음 중간 열 중품의 볏단 수 5로 왼쪽 열에 곱하고 왼쪽 열에서 중간 열을 뺄 수 있을 때까지<sup></sup>적어도 하나의 수가 0이 될 때까지, 여기에서는 4번 뺌 **뺀다.**

| 0 | 0 | 3 |
|---|---|---|
| 4 | 5 | 2 |
| 8 | 1 | 1 |
| 39 | 24 | 39 |

⇒

| 0 | 0 | 3 |
|---|---|---|
| 20 | 5 | 2 |
| 40 | 1 | 1 |
| 195 | 24 | 39 |

⇒

| 0 | 0 | 3 |
|---|---|---|
| 0 | 5 | 2 |
| 36 | 1 | 1 |
| 99 | 24 | 39 |

이렇게 하면 왼쪽 열에 남아 있는 두 수들 중에서 위에 있는 수 36을 나눗수로 삼고 아래에 있는 수 99를 나뉨수로 삼는데 그 결과가 곧 하품 1단의 알곡이다.

즉 하품 1단의 알곡 → $\dfrac{99}{36} = \dfrac{11}{4} = 2\dfrac{3}{4}$

이 문제를 현재 우리가 사용하고 있는 수식으로 표현해 보면 어떻게 될까요?

디오판토스가 들려주는 일차방정식 이야기

상품벼의 알곡 양을 $x$, 중품벼의 알곡 양을 $y$, 하품벼의 알곡 양을 $z$라고 한다면 다음과 같습니다.

$$3x+2y+z=39$$
$$2x+3y+z=34$$
$$x+2y+3z=26$$

$$x=9\frac{1}{4}\text{말}, \; y=4\frac{1}{4}\text{말}, \; z=2\frac{3}{4}\text{말}$$

또 다른 문제를 살펴보도록 합시다.

상품벼 7단이 있다. 거기에서 벼 1말을 줄이고 여기에 하품벼 2단을 채우면 벼의 양이 모두 10말이 된다고 한다. 또 하품벼 8단이 있다. 거기에서 벼 1말과 상품벼 2단을 섞으면 벼가 모두 10말이 된다고 한다. 그렇다면 상품벼와 하품벼 1단에서 각각 얼마의 벼를 낼 수 있는가?

이 문제도 위의 경우와 마찬가지로 방정 계산법을 이용합니다. 상품벼 7단에 벼 1말을 줄이고 하품벼 2단을 채우면 모두 10말이 된다고 하였는데, 간단히 쓰기 위해 벼 1말을 줄이는 대신 상품벼 7단과 하품벼 2단을 합한 것이 11말이 된다고 하면 됩니다. 그 내용을 오른쪽 열에 씁니다.

마찬가지로 상품벼 2단과 하품벼 8단을 합한 것에 벼 1말을 섞으면 모두 10말이 된다고 하였는데 그렇게 하는 대신 상품벼 2단과 하품벼 8단을 합한 것이 모두 9말이라고 하면 될 것입니다. 이것을 왼쪽 열에 쓰도록 합니다. 주의할 것은 표에 상품벼, 하품벼를 합한 양의 위치가 같도록 해야 한다는 것입니다.

① 왼쪽 열의 적어도 하나의 수가 0이 될 때까지 왼쪽 열에서 오른쪽 열을 뺀다. 여기에서는 4회 뺀다.

| 2 | 7 |
|---|---|
| 8 | 2 |
| 9 | 11 |

⇨

| −26 | 7 |
|---|---|
| 0 | 2 |
| −35 | 11 |

② 왼쪽 열에 남아있는 수에서 윗수를 나눔수 −26, 아랫수를 나눔수 −35로 하면 그 결과가 곧 상품벼 1단의 알곡량이다.

상품벼 1단의 알곡량 → $\dfrac{-35}{-26} = \dfrac{35}{26} = 1\dfrac{9}{26}$

이 문제를 현재 우리가 사용하고 있는 수식으로 표현해 보면 어떻게 될까요? 상품벼의 알곡량을 $x$, 하품벼의 알곡량을 $y$라 고 한다면 다음과 같습니다.

$7x+2y=11$

$2x+8y=9$

$x=\dfrac{35}{26}$ 말, $\quad y=\dfrac{41}{52}$ 말

지금까지 《구장산술》에 나오는 연립일차방정식을 간단히 살펴 보았습니다. 과거의 사람들도 미지수가 여러 개인 방정식의 개념 을 잘 알고 있었고, 매우 과학적인 방법으로 잘 풀었군요. 문제들은 그 시대의 시대상을 잘 반영하고 있고 굉장히 실용적이라는 점도 알 수 있었습니다. 또한 우리가 앞으로 배우게 될 미지수가 여러 개 인 연립방정식을 해결하는 방법과 그 기본적인 아이디어가 같다는 것에 놀라지 않을 수 없습니다. 그럼 다음 시간에는 연립일차방정 식이 무엇인지, 그리고 그 해가 의미하는 것이 무엇인지, 또한 그 풀이 방법은 어떻게 되는지 하나씩 하나씩 알아보도록 합시다.

## 일곱번째
## 수업 정리

**❶** 《구장산술》에서 실생활과 관련된 연립방정식 문제를 살펴볼
수 있었습니다.

**❷** 《구장산술》에서 연립방정식의 풀이 방법을 살펴볼 수 있었
습니다.

# 미지수가 2개인
# 연립일차방정식

미지수가 2개인 연립일차방정식은 무엇일까요?
그래프를 통해서 미지수가 2개인 연립일차방정식을
이해해 봅니다.

여덟 번째 학습 목표

1. 미지수가 2개인 연립일차방정식의 개념을 이해할 수 있습니다.

2. 미지수가 2개인 연립일차방정식의 그래프적 의미를 이해할 수 있습니다.

### 미리 알면 좋아요

#### 좌표평면과 그래프

① 순서쌍

평면 위에 한 점을 나타내려면 가로 방향과 세로 방향의 위치를 나타내는 두 수가 필요합니다. 이와 같이 순서를 생각하여 두 수의 쌍으로 나타낸 것이 바로 순서쌍입니다.

예) 점 A → (2, 3)

② 좌표평면

가로선 $x$축, 세로선 $y$축으로 이루어져 있고, 점의 위치를 좌표로 나타낼 수 있는 평면을 좌표평면이라고 합니다.

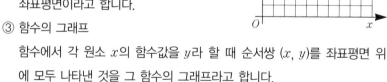

③ 함수의 그래프

함수에서 각 원소 $x$의 함수값을 $y$라 할 때 순서쌍 $(x, y)$를 좌표평면 위에 모두 나타낸 것을 그 함수의 그래프라고 합니다.

④ 직선의 방정식

$x$, $y$가 수 전체의 집합의 원소일 때, 일차방정식 $ax+by+c=0$ ($a$, $b$, $c$는 상수, $a \neq 0$, $b \neq 0$)의 해는 무수히 많고 이들을 그래프로 나타내면 직선이 됩니다. 또 이 직선 위의 모든 점들의 순서쌍 $(x, y)$는 일차방정식 $ax+by+c=0$의 해입니다. 이때의 일차방정식 $ax+by+c=0$을 직선의 방정식이라고 합니다.

디오판토스의
여덟 번째 수업

지난 시간에 과거의 사람들은 연립방정식을 어떻게 해결하였는지 《구장산술》의 내용을 바탕으로 한번 알아보았습니다. 풀이 방법이 조금 복잡해 보이기는 하지만 연립방정식을 해결하는 원리는 지금의 방법과 크게 다르지는 않습니다. 그렇다면 오늘은 미지수가 2개인 연립방정식에 대하여 알아보도록 하겠습니다.

연립방정식이란 2개 이상의 미지수를 포함하는 2개 이상의 방정식의 쌍으로 주어져서 미지수가 주어진 모든 방정식을 동시에 만족할 것이 요구되어 있을 때, 이 방정식의 쌍을 연립방정식이라고 합니다. 그리고 각 방정식을 동시에 만족시키는 미지수의 쌍을 주어진 연립방정식의 해解 또는 근根이라 하고, 이것을 구하는 것을 '연립방정식을 푼다'라고 합니다. 길게 말로 설명하니 너무 어렵지요? 그러면 먼저 간단한 예를 들어 봅시다.

한 개에 500원 하는 귤과 1000원 하는 사과를 10000원어치 사려고 합니다. 각각 몇 개씩 사면 될까요? 간단하게 암산으로 되나요? 답이 한가지인가요? 귤은 1개 사면 9500원이 남아서 10000원어치에 딱 맞게 살 수가 없네요. 2개씩 사야하는 것을 알 수 있겠지요? 생각을 표로 정리해 봅시다.

| 귤개 | 2 | 4 | 6 | 8 | 10 | 12 | 14 | 16 | 18 |
|------|---|---|---|---|----|----|----|----|----|
| 사과개 | 9 | 8 | 7 | 6 | 5 | 4 | 3 | 2 | 1 |

귤과 사과를 10000원어치 살 수 있는 방법이 아홉 가지나 됩니다. 500원짜리 귤 $x$개와 1000원짜리 사과 $y$개를 10000원어치 산다고 할 때, $x$와 $y$값을 구하면 위의 표와 같이 9가지의 경우가 되겠지요.

자, 여기에서 만약에 사과와 귤을 합해서 모두 15개를 샀다고 가정한다면 어떨까요? 위의 표에서 보면 귤 10개, 사과 5개를 산

디오판토스가 들려주는 일차방정식 이야기

경우가 되겠지요? 자, 그럼 이 문제를 수식으로 다시 써 봅시다.

$500x+1000y=10000 \rightarrow$ 500원 귤 $x$개 1000원 사과 $y$개

를 합해서 10000원어치 구입

$x+y=15 \qquad\qquad \rightarrow$ 귤과 사과를 합해서 15개를 구입

$x=10$개, $y=5$개

그렇다면 위와 같이 미지수가 2개인 일차방정식을 풀 때에는 항상 표를 그려서 해결해야 할까요?

또 다른 예를 들어 봅시다. 어느 농장에서 닭과 토끼를 기르고 있는데 그 머리의 수는 15이고, 다리의 수는 40이라고 합니다. 닭과 토끼는 각각 몇 마리일까요?

닭의 머리수를 $x$라고 하고, 토끼의 머리수를 $y$라고 하면 $x+y=15$이고, 그 해를 구하기 위해 표를 그려 봅시다.

①

| $x$닭 | 1 | 2 | 3 | 4 | 5 | 6 | 7 | 8 | 9 | 10 | 11 | 12 | 13 | 14 |
|---|---|---|---|---|---|---|---|---|---|---|---|---|---|---|
| $y$토끼 | 14 | 13 | 12 | 11 | 10 | 9 | 8 | 7 | 6 | 5 | 4 | 3 | 2 | 1 |

위의 표 ①의 $(x, y)$순서쌍을 좌표평면 위에 나타내 봅시다. 좌표평면 위에 나타난 순서쌍은 닭과 토끼의 마리 수는 자연수 일 때, $x+y=15$ 즉 $y=-x+15$의 그래프를 그린 셈이 됩니다. 그래프 그리기에서 표에서 주어진 $x$의 값들이 위의 예에서와 같이 유한 개로 주어졌을 때에는 유한개의 점으로 이루어진 그래프가 그려 진다는 사실, 모두 알고 있지요?

디오판토스가 들려주는 일차방정식 이야기

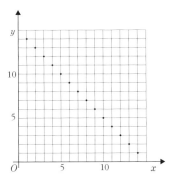

다음으로, 닭과 토끼의 다리 수의 합이 40이라고 합니다. 이것을 방정식으로 나타내면 $2x+4y=40$이고 그 해를 표로 나타내 봅시다. 여기에서 $x$, $y$는 자연수이므로 자연수가 아닌 분수를 제외하면 아래 표의 색칠한 부분이 됩니다.

②

| $x$닭 | 1 | 2 | 3 | 4 | 5 | 6 | 7 | 8 | 9 | 10 | 11 | 12 | 13 | 14 |
|---|---|---|---|---|---|---|---|---|---|---|---|---|---|---|
| $y$토끼 | $\frac{38}{4}$ | 9 | $\frac{34}{4}$ | 8 | $\frac{30}{4}$ | 7 | $\frac{26}{4}$ | 6 | $\frac{22}{4}$ | 5 | $\frac{18}{4}$ | 4 | $\frac{14}{4}$ | 3 |

위의 표 ②의 색칠한 부분의 $(x, y)$ 순서쌍도 좌표평면 위에 찍어 봅시다. 이것 또한 닭과 토끼의 마릿수는 자연수일 때, $2x+4y=40$ 즉 $y=-\frac{1}{2}x+10$의 그래프를 그린 셈이 됩니다.

단, $x$, $y$는 자연수

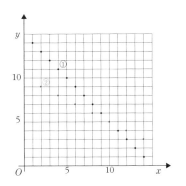

그런데 표 ①과 표 ②에서 공통인 순서쌍은 어떤 것인가요? 즉 그래프 ①과 그래프 ②에서 두 그래프가 공통으로 만나는 점은 어느 점인가요? 여러분들도 $x=10$, $y=5$일 때, 방정식을 동시에 만족한다는 사실을 쉽게 알 수 있지요?

다시 말해서 연립방정식은 두 방정식을 동시에 만족하는 해를 찾아야 하는 것입니다. 위에서 살펴본 예제는 매우 간단하고 $x$, $y$가 자연수인 경우이므로 표를 통해 쉽게 알 수 있었습니다. 그러나 문제에 따라 $x$, $y$가 수 전체의 집합이라고 한다면 무수히 많은 수들 하나하나에 대하여 표를 작성하여 그 해를 구하는 것은 불가능할 것입니다. 여러분들은 수 전체집합은 무한하다는 것을 알고 있지요?

그렇다면 $x$, $y$가 수 전체 집합인 경우, 미지수가 $x$, $y$인 일차방정식의 해는 어떻게 구할까요? $x$, $y$가 수 전체의 집합의 원소일 때, 일차방정식 $ax+by+c=0$ ($a$, $b$, $c$는 상수, $a \neq 0$, $b \neq 0$)의 해는 무수히 많게 되고 이 해들을 그래프로 나타내면 직선의 형태가 됩니다. 직선 위의 모든 점들의 순서쌍 $(x, y)$는 일차방정식 $ax+by+c=0$의 해가 됩니다. 우리는 이러한 일차방정식

디오판토스가 들려주는 일차방정식 이야기

$ax+by+c=0$을 **직선의 방정식**이라고 합니다. 따라서 연립일차
방정식에서는 두 개의 직선의 방정식이 생기게 되고, 직선 모양
의 그래프를 각각 그려 그들의 교점을 찾으면 미지수가 2개인 연
립일차방정식의 해를 구하게 되는 것이지요.

그런데 경우에 따라서는 두 개의 직선의 방정식이 일치하는 경
우가 발생하게 됩니다. 나중에 자세히 언급하겠지만, 이러한 경
우 해가 무수히 많다고 말합니다. 왜냐하면 두 직선이 일치한다
는 이야기는 두 직선이 만나는 점이 무수히 많다는 뜻을 담고 있
기 때문이지요. 또한 두 개의 직선의 방정식이 평행하게 그려지
는 경우가 생길 수 있습니다. 이러한 경우는 두 직선의 교점을
절대로 찾을 수 없지요. 따라서 해가 없다고 합니다. 이러한 두
경우는 다음 시간에 좀 더 자세히 살펴보기로 하고 지금은 연립
방정식의 그래프를 살펴보며 그 의미를 생각해 보도록 합시다.

$x$, $y$가 실수일 때, 다음과 같은 연립방정식에 대하여 그래프를
그려 그 해를 구해 봅시다.

① $x+y=8$ $\rightarrow$ $y=-x+8$

② $2x+y=11$ $\rightarrow$ $y=-2x+11$

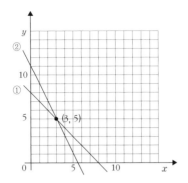

두 그래프 ①, ②의 교점을 찾으면 무엇이 되지요? 여러분들도 (3, 5)라는 것을 쉽게 알 수 있지요? 이 연립방정식의 해는 $x=3$, $y=5$가 되는 것입니다.

그러나 문제에 따라서는 이렇게 명쾌하고 쉽게 교점을 찾을 수 없는 경우가 있습니다. 사실 교점이 분수의 형태로 존재해서 그래프의 교점을 정확하게 파악하기 어려운 경우가 더 많습니다. 개념적으로는 미지수가 2개인 연립일차방정식의 해는 두 직선의 교점이라는 사실은 알지만, 일일이 그래프를 그려 그것을 통해 그 교점을 찾는 것은 매우 어렵고 번거롭다는 이야기지요.

그렇다면 좀 더 쉽게 미지수가 2개인 일차방정식의 해를 구하는 방법은 무엇일까요? 자 그러면 다음 시간에는 미지수가 2개

디오판토스가 들려주는 일차방정식 이야기

인 연립일차방정식의 해를 구하는 방법에 대하여 알아보도록 하지요. 벌써부터 기대가 되지요? 자, 그럼 오늘은 이만 마치도록 하겠습니다.

**1** 미지수가 2개인 연립일차방정식

미지수가 2개인 일차방정식 두 개를 한 쌍으로 묶어 놓은 것을 미지수가 2개인 연립일차방정식이라고 합니다.

**2** 연립일차방정식의 해

연립방정식을 이루는 두 개의 일차방정식을 동시에 만족시키는 $x$, $y$의 값 또는 순서쌍 $(x, y)$를 연립방정식의 해라고 합니다.

**3** 연립일차방정식과 그래프적 의미

연립일차방정식 $ax+by+c=0$($a$, $b$, $c$는 상수, $a \neq 0$, $b \neq 0$)과 $a'x+b'y+c'=0$($a'$, $b'$, $c'$는 상수, $a' \neq 0$, $b' \neq 0$)은 두 개의 직선의 방정식으로 좌표평면 위에 나타내면 두 개의 직선으로 그려지게 됩니다. 이때 두 직선의 교점이 생기는 경우 이 교점을 연립일차방정식의 해라고 합니다. 특별히 두 직선이 일치하게 되는 경우는 '해가 무수히 많다'라고 하고, 또 두 직선이 평행하게 되는 경우는 두 방정식의 교점을 찾을 수 없으므로 '해가 없다'라고 합니다.

# 미지수가 2개인 연립일차방정식의 풀이

미지수가 2개인 연립일차방정식의
여러 가지 풀이 방법을 알아봅니다.

미지수가 2개인 연립일차방정식의 풀이 방법을 알 수 있습니다.

## 미리 알면 좋아요

1. 연립일차방정식의 개념 미지수가 2개인 일차방정식 두 개를 한 쌍으로 묶어 놓은 것을 미지수가 2개인 연립일차방정식이라고 합니다. 이때 두 방정식을 동시에 만족시키는 $x$, $y$의 값 또는 순서쌍 $(x, y)$를 연립방정식의 해라고 합니다.

2. 소거 미지수가 2개인 두 일차방정식에서 한 미지수를 없애는 것을 그 미지수를 소거한다고 합니다.

디오판토스의
아홉 번째 수업

 

지난 시간에는 미지수가 2개인 연립방정식이 무엇인지 그리고 그 해를 표와 그래프에서 어떻게 구하는지에 대하여 알아보았습니다. 그러나 이번 시간에는 좀 더 간단하게 연립방정식을 푸는 방법을 소개하도록 하겠습니다. 미지수가 두 개인 연립방정식에서는 하나의 문자를 없애는 방법으로 해결하는데, 이렇게 미지수가 두 개인 두 일차방정식에서 한 개의 미지수를 없애는 것을 소거한다고 합니다.

연립방정식의 풀이는 대입법, 등치법, 가감법으로 나누어 볼 수 있습니다. 대입법, 등치법, 가감법 중 어떤 것을 선택해서 방정식을 풀 것인가는 문제에 따라 다릅니다. 어떤 문제는 대입법이 좀 더 간단하고, 어떤 문제는 가감법이 더 쉽기도 하지요. 그러나 세 방법 중 어떤 것을 선택한다 하더라도 답은 마찬가지입니다. 단지 좀 더 쉽고 간단하게 해결할 수 있는 방법이 문제에 따라 조금씩 다르다는 거지요.

먼저 대입법에 대하여 알아보도록 합시다. 대입법은 방정식의 한 미지수 $x$또는 $y$에 관하여 풀어서 다른 방정식에 대입하여 해를 구하는 방법을 말합니다. 예를 들어, 아래의 두 방정식을 풀어 봅시다.

① $x+y=6$

② $2x+y=10$

두 방정식 중에서 방정식 ①을 하나의 문자에 대하여 아래와 같이 정리합니다.

① $x+y=6$ → $y=-x+6$

다음으로 방정식 ②에 $y$ 대신 $(-x+6)$을 대입합니다.

② $2x+y=10$ → $2x+(-x+6)=10$

그 다음 대입한 방정식은 하나의 문자에 대한 일차방정식이므로 방정식의 풀이 방법에 따라 해를 구합니다.

$2x+(-x+6)=10$

$x+6=10$

$x=4$

마지막으로 $x=4$의 값을 방정식 ① 혹은 ②에 넣어서 $y$의 값을 구합니다. 여기에서는 ①에 대입

$y=-x+6$ → $y=-4+6=2$

따라서 $x=4$, $y=2$가 이 연립방정식의 해가 됩니다.

다음은 등치법을 소개하도록 하지요. 등치법은 한 문자에 대하여 풀어 그것을 같다고 놓고 한 미지수를 소거하여 해를 구하는 방법을 말합니다. 예를 들어 풀어 봅시다.

① $2x+y=4$

② $4x+y=6$

어떠한 문자에 대하여 풀어도 상관없으나 여기에서는 $y$에 대하여 풀어 정리해 봅시다.

①´ $y=-2x+4$

②´ $y=-4x+6$

①´=②´ $\rightarrow$ $-2x+4=-4x+6$

$$2x=2$$

$$\therefore\ x=1$$

$x=1$을 ①´에 대입하면 $y=-2\times1+4=2$임을 알 수 있습니다. 따라서 우리가 구하고자 하는 방정식의 해는 $x=1$, $y=2$가 되는 것이지요. 모두들 쉽게 이해하고 따라오고 있지요?

마지막으로 가감법을 소개하도록 하겠습니다. 가감법은 두 일차방정식을 변끼리 더하거나加 빼서減 한 미지수를 소거하여 연립방정식의 해를 구하는 방법을 말합니다. 이것도 예를 들어 보지요.

① $x+2y=6$

② $x-2y=2$

방정식 ①과 ②를 변끼리 더하여 봅시다.

$$x+2y=6$$
$$+\,)\,x-2y=2$$
$$2x\quad\ =8$$

따라서 $x=4$가 되고 이 값을 방정식 ① 또는 ②에 대입하면 아래와 같습니다. 여기에서는 ①에 대입

$$4+2y=6$$
$$2y=2$$
$$y=1$$

따라서 이 연립방정식의 해는 $x=4$, $y=1$이라는 것을 알 수 있습니다.


가감법으로 풀 때에는 계수의 절댓값이 같은 문자를 소거합니다. 소거란 미지수가 2개인 두 일차방정식에서 한 미지수를 없애는 것을 의미합니다. 때로는 계수의 절댓값이 같은 경우가 없을 때도 있습니다. 이러한 경우에는 소거하려는 한 문자를 선택하고 문자의 계수의 절댓값이 같아지도록 식의 양변에 적당한 수를 곱한 다음 가감법으로 풀어 줍니다. 예를 들어 봅시다.

① $5x+2y=6$  $\qquad$ $10x+4y=12$ $\quad\cdots$ ①×2

② $2x-4y=3$ $\qquad$ $+)\ \underline{2x-4y=3}$ $\quad\cdots$ ②

$$12x\qquad=15$$

$$x=\frac{15}{12}=\frac{5}{4}$$

이 $x=\frac{5}{4}$의 값을 방정식 ①또는 ②중 쉽게 풀어지는 방정식을 선택하여 대입하면 $y$의 값을 구할 수 있습니다.

여기에서는 ①에 대입

$$5x+2y=6$$

$$5\left(\frac{5}{4}\right)+2y=6$$

$$2y=6-\frac{25}{4}$$

$$2y=-\frac{1}{4}$$

$$y=-\frac{1}{8}$$

따라서 이 연립방정식의 해는 $x=\frac{5}{4}$, $y=-\frac{1}{8}$이 됩니다.

또 다른 예를 들어 봅시다. 이 경우는 한 방정식에만 적당한 수를 곱하는 것이 아니라 두 방정식 모두에 적당한 수를 곱해서 한 문자를 소거하는 방법입니다. 예를 들어서 다음과 같은 경우를 봅시다.

디오판토스가 들려주는 일차방정식 이야기

① $2x+4y=3$

② $5x+6y=2$

$x$의 계수 2와 5, $y$의 계수 4와 6은 절댓값이 같거나 배수의 관계에 있지 않습니다. 따라서 계수들의 최소공배수가 되도록 적당한 수를 각각 곱해 주면 됩니다. 즉 문자 $x$를 없애기 위해서는 ①식에 5를 곱하고, ②식에 2를 곱하거나 문자 $y$를 없애기 위해서는 ①식에 3을 곱하고 ②식에 2를 곱해 주면 됩니다. 여기서 문자 $x$를 소거해 봅시다.

$$①\times 5 \quad \rightarrow \quad 10x+20y=15$$
$$②\times 2 \quad \rightarrow \quad -)\underline{10x+12y=4\phantom{aaaa}}$$
$$8y=11$$
$$y=\frac{11}{8}$$

이 값을 원래의 ①식에 대입하여 $x$에 관하여 풀어 봅시다.

$$2x+4y=3$$
$$2x+4\left(\frac{11}{8}\right)=3$$
$$2x=3-\frac{11}{2}$$
$$2x=-\frac{5}{2}$$
$$x=-\frac{5}{4}$$

따라서 이 연립방정식의 해는 $x=-\dfrac{5}{4}$, $y=\dfrac{11}{8}$ 이 됩니다.

지금까지 이원연립일차방정식의 풀이 방법을 대입법과 등치법, 가감법으로 나누어 살펴보았습니다. 풀어야 할 문제에 따라 쉽게 해결할 수 있는 방법을 선택하고, 특히 가감법으로 풀 때에는 소거할 문자의 계수에 그 절댓값이 같아지도록 적당한 수를 곱하는 것을 잊지 말아야합니다.

또 다른 예를 살펴보지요. 미지수가 $x$, $y$인 연립일차방정식이 다음과 같이 있습니다.

① $x+2y=4$

② $2x+4y=8$

가감법으로 미지수 $x$를 소거하기 위해 ①식에 2를 곱하면,

①$\times 2$ $\rightarrow$ $2x+4y=8$

② $\rightarrow$ $2x+4y=8$

①식에 2를 곱하니 ②식과 똑같다는 사실을 알 수 있지요? 두 개의 미지수가 있는 두 개의 방정식인 듯 보였지만 사실 같은 식이었습니다. 두 개의 미지수에 방정식은 하나밖에 없으므로 단 하나의 해를 찾을 수 없습니다. 두 식을 가감법으로 계산하면 어

떻게 되는지 한번 볼까요?

$$① \times 2 \quad \rightarrow \quad 2x+4y=8$$
$$② \quad \rightarrow \quad -)\underline{2x+4y=8}$$
$$0x+0y=0$$

가감법으로 계산해 보니 $0x+0y=0$이라는 일차방정식이 되네요. 자, 위에서 우리가 살펴본 것처럼 $x$가 소거되어 $y$값을 찾고, 그 값을 대입하여 $x$의 값을 찾아 하나의 해 $(x, y)$를 찾아낸 경우와는 다른 형태로 되었네요. 이러한 경우에는 해를 어떻게 구할까요? 다 같이 생각해 봅시다.

$0x+0y=0$을 만족하는 $x$값과 $y$값을 찾아야 하는데 $x$에 어떠한 실수가 오더라도 $0 \times x=0$이 되고, $y$에 어떠한 실수가 오더라도 $0 \times y=0$이 되어 방정식을 만족할 것입니다. 그러면 이 방정식을 만족하는 $(x, y)$ 값은 무수히 많을 것입니다. 여러분들이 $x$값과 $y$값을 아무 것이나 선택해서 넣어 계산해 보세요. $0x+0y=0$을 만족할 것입니다. 이런 경우 우리는 '해가 무수히 많다'고 답하면 됩니다. 어려운 용어로는 '부정不定'이라고 합니다. 한자의 뜻

을 그대로 해석해 보자면 '정해지지 않았다' 정도가 되겠네요. 다시 말해 연립방정식의 해를 단 하나로 정해지지 않는 경우이다, 즉 해가 무수히 많다는 의미가 되는 것입니다.

자, 그러면 이러한 방정식의 경우는 그래프로 나타내면 어떻게 될까요? ① 식에 2를 곱한 그래프와 ② 그래프는 완전히 일치하는 것을 볼 수 있습니다. 우리가 지난 시간에 방정식의 해가 단 하나만 존재하는 경우, 두 그래프의 교점이 그 해라는 것을 살펴보았었지요? 이 경우는 두 그래프의 교점이 존재하지 않고 두 그래프와 완전히 일치하여 겹치는 경우입니다. 아래 그래프를 보면 쉽게 이해할 수 있지요?

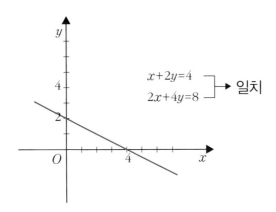

이번에는 또 다른 경우를 살펴보도록 합시다. 미지수가 $x$, $y$인 연립일차방정식이 아래와 같이 있습니다.

① $x+2y=4$

② $2x+4y=6$

미지수 $x$를 소거하기 위해 ① 식에 2를 곱하여 가감법으로 계산해 봅시다.

①×2   →     $2x+4y=8$

②        →    $-)2x+4y=6$

                       $0x+0y=2$

두 방정식을 가감법으로 계산해 보니 $0x+0y=2$라는 방정식이 남게 됩니다. 이 경우도 단 하나의 해가 존재하는 경우처럼 $x$가 소거되어 $y$의 값을 찾고 그 값을 대입하여 하나의 해를 찾는 것과는 다른 형태가 되었네요. 바로 위에서 살펴본 경우와 비슷하지만 위의 경우는 $0x+0y=0$이었고 지금은 $0x+0y=2$로 서로 다르다는 것을 알 수 있지요?

그러면, $0x+0y=2$라는 방정식을 살펴봅시다. 어떠한 $x$의 값에 0을 곱하면 그 값은 0이 되고 또한 어떠한 $y$의 값에 0을 곱하면 0이 되는 것을 잘 알고 있지요? 그런데 그 두 값을 더해서 2

가 나올 수 있을까요? 절대 불가능하지요? 즉 $0x+0y=2$라는 방정식의 해는 찾을 수가 없답니다. 이러한 경우 우리는 '해가 없다'라고 답하면 됩니다. 좀 더 어려운 용어로는 '불능不能이다'라고 하면 되는 거지요. 한자를 그대로 해석해 보면 불가능하다, 즉 해를 찾는 것이 불가능하다는 의미가 됩니다.

그러면 ① $x+2y=4$와 ② $2x+4y=6$ 두 방정식을 그래프로 그리면 어떻게 될까요? ① 그래프와 ② 그래프는 아래 그림과 같이 그려집니다. 두 그래프가 어떻지요? 네, 맞습니다. 두 그래프가 평행하여 절대로 만나지 않는 것을 알 수 있습니다. 그래프 상에서도 두 방정식의 교점을 찾을 수 없으므로 '해가 없다'는 사실을 확인할 수 있지요?

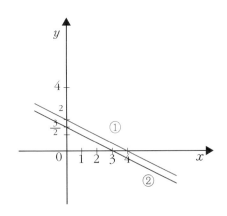

디오판토스가 들려주는 일차방정식 이야기

자, 우리는 지금까지 미지수가 2개인 연립일차방정식의 풀이 방법에 대하여 공부해 보았습니다. 미지수가 2개인 연립일차방정식은 가감법, 등치법, 대입법으로 해를 찾을 수 있었습니다. 그런데 문제에 따라서는 단 하나의 해가 구해지지 않고, $0x+0y=0$의 형태나 $0x+0y=a$ $_{a\neq0$인 임의의 실수}의 형태로 남아 우리를 당황스럽게 하기도 했지요. 이런 경우는 부정 $_{0x+0y=0;해가 무수히 많다}$과 불능 $_{0x+0y=a,\,a\neq0;해가 없다}$의 경우에 해당했지요. 부정은 그래프 상에서 두 그래프가 완전히 일치하여 하나의 해를 정할 수 없으므로 해가 무수히 많다는 것을 확인할 수 있었습니다. 또한 불능은 그래프 상에서 두 그래프가 평행하여 해가 존재하지 않는 것도 확인할 수 있었습니다. 이러한 내용은 앞으로 좀 더 어려운 수학을 공부하는 데에 중요한 밑거름이 된답니다. 잘 기억해 두도록 합시다. 자, 그럼 다음 시간을 기대하며 오늘 수업을 마치지요.

## ∴아홉번째
## 수업 정리

**❶** 대입법 방정식을 한 미지수 $x$ 또는 $y$에 관하여 풀어서 다른 방정식에 대입하여 해를 구하는 방법을 대입법이라고 합니다.

**❷** 등치법 한 문자에 대하여 풀어 그것을 같다고 놓고 한 미지수를 소거하여 해를 구하는 방법을 말합니다.

**❸** 가감법 두 일차방정식을 변끼리 더하거나 빼어서 한 미지수를 소거하여 연립방정식의 해를 구하는 방법을 가감법이라고 합니다.

# 미지수가 3개 이상인
# 연립일차방정식의
# 풀이

미지수가 3개인 연립일차방정식을
대입법, 등치법, 가감법으로 나누어 풀어 봅니다.

## 열 번째 학습 목표

1. 연립일차방정식을 행렬을 이용하여 풀 수 있습니다.
2. 미지수가 3개 이상인 연립일차방정식의 풀이 방법을 이해할 수 있습니다.

## 미리 알면 좋아요

### 1. 행렬의 개념

몇 개의 수 또는 문자를 직사각형의 모양으로 순서 있게 배열하고 괄호로 묶어 놓은 것을 행렬이라고 합니다. 행렬을 이루고 있는 수 또는 문자의 각각을 그 행렬의 성분이라고 합니다. 행렬에서 가로의 줄을 행이라고 하고, 위에서부터 차례로 제1행, 제2행, 제3행, … 이라고 합니다. 또 세로의 줄을 열이라 하고, 왼쪽에서부터 차례로 제1열, 제2열, 제3열, … 이라고 합니다. 특히, 행과 열의 개수가 모두 $n$개인 행렬을 $n$차의 정사각행렬이라고 합니다.

### 2. 행렬의 연산

① 행렬의 덧셈과 뺄셈

두 행렬의 꼴이 같을 때 각 성분끼리 더하거나 뺍니다.

② 행렬의 실수배

행렬의 실수배는 그 실수를 행렬의 각 성분에 곱하여 계산할 수 있음을 알 수 있습니다. 즉 실수 $k$에 대하여 행렬 A의 $k$배는 $k$A로 표기하고 각 성분에 $k$를 곱하여 줍니다.

③ 행렬의 곱셈

A의 열의 개수와 B의 행의 개수가 같은 경우, A의 $i$행과 B의 $j$열의 대응하는 위치에 있는 성분을 차례로 곱하고 더한 것을 $(i, j)$성분으로 하는 행렬을 A와 B의 곱이라 하고, AB로 나타냅니다.

지난 시간까지 우리는 미지수가 2개인 연립일차방정식의 풀이 방법인 가감법, 대입법, 등치법에 대하여 공부하였습니다.

그런데 연립일차방정식은 행렬이라는 개념을 이용하여 그 해를 구할 수도 있습니다. 행렬을 이용한 연립일차방정식을 소개하기 위해서 먼저 행렬에 대한 기본적인 사항을 살펴보도록 합시다.

먼저 행렬이란 무엇일까요? 수학에서 **행렬**이란 수 혹은 수를 나타내는 문자를 괄호 안에 직사각형의 꼴로 배열한 것을 말합니다. 또한 행렬을 이루고 있는 수 또는 문자의 각각을 그 행렬의 성분이라고 합니다. 행렬에서 가로의 줄을 **행**이라고 하고, 위에서부터 차례로 제1행, 제2행, 제3행이라고 한답니다. 또 세로의 줄을 **열**이라 하고, 왼쪽에서부터 차례로 제1열, 제2열, 제3열이라고 하고요. 특히 행과 열의 개수가 모두 같은 행렬을 정사각행렬이라 하고 $n$개의 행과 $n$개의 열로 이루어진 것을 $n$차 정사각행렬이라고 합니다. 지금 설명한 내용을 정리하면 다음과 같지요.

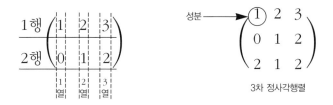

3차 정사각행렬

또한 행렬의 모든 성분이 0인 행렬을 **영행렬**이라고 부릅니다. 예를 들면, 아래와 같겠지요.

$$\begin{pmatrix} 0 \\ 0 \end{pmatrix}, (0\ 0), \begin{pmatrix} 0 & 0 \\ 0 & 0 \end{pmatrix}, \begin{pmatrix} 0 & 0 & 0 \\ 0 & 0 & 0 \end{pmatrix} \cdots$$

그리고 단위행렬에 대하여 알고 있어야 합니다. **단위행렬**이란 정사각행렬의 왼쪽에서 오른쪽 아래로의 대각선의 성분이 모두

디오판토스가 들려주는 일차방정식 이야기

1이고 그 이외의 성분이 모두 0인 정사각행렬을 말합니다. 단위행렬 E는 임의의 정사각행렬 A에 대하여 다음과 같은 식을 만족합니다. 이러한 단위행렬의 정의에 따르자면 단위행렬은 행렬의 곱셈에 관한 항등원임을 알 수 있습니다.

$$AE=EA=A,\ E^2=E,\ E^3=E,\ \cdots,\ E^n=E$$

그렇다면 행렬은 어떻게 계산을 할까요? 행렬의 덧셈과 뺄셈은 매우 간단합니다. 행렬의 꼴이 같기만 하면 성분끼리 더하거나 빼주면 되는 것이지요. 예를 들어 볼까요?

$$\begin{pmatrix} 1 & 2 \\ 3 & 4 \end{pmatrix} + \begin{pmatrix} 1 & 2 \\ 3 & 4 \end{pmatrix} = \begin{pmatrix} 2 & 4 \\ 6 & 8 \end{pmatrix}, \qquad \begin{pmatrix} 1 & 2 \\ 3 & 4 \end{pmatrix} - \begin{pmatrix} 4 & 3 \\ 2 & 1 \end{pmatrix} = \begin{pmatrix} -3 & -1 \\ 1 & 3 \end{pmatrix}$$

다음으로 행렬에 어떤 실수를 곱한 경우에는 어떻게 계산하는지 알아볼까요? 마치 우리가 분배법칙을 했던 것처럼 각 성분에 실수를 곱해 주면 됩니다. 예를 들면, 다음과 같이 됩니다.

$$2\begin{pmatrix} 1 & 2 \\ 3 & 4 \end{pmatrix} = \begin{pmatrix} 2\times1 & 2\times2 \\ 2\times3 & 2\times4 \end{pmatrix} = \begin{pmatrix} 2 & 4 \\ 6 & 8 \end{pmatrix}$$

다음은 행렬의 곱셈을 알아봅시다. 행렬의 곱셈은 조금 복잡하게 보일 수 있으나 몇 번 연습해 보면 금방 익숙해집니다. 만약 행렬 A와 행렬 B를 곱한다면 A의 열의 개수와 B의 행의 개수가 같아야만 가능합니다. 왜냐하면 행렬의 곱셈은 A의 첫 번째 행의 성분과 B의 첫 번째 열의 성분을 곱해서 각각 더해 주는데 A의 열의 개수와 B의 행의 개수가 일치해야만 곱하여 주는 성분이 잘 짝지어지기 때문입니다. 좀 더 일반적으로 설명하자면 A가 $1 \times m$행렬, B가 $k \times n$ 행렬이면 $m=k$일 때 두 행렬의 곱 AB가 정의되고, 이때 AB는 $1 \times n$행렬이 되는 것입니다. 조금 복잡하지요. 간단한 예로 살펴봅시다.

$$(1\ 2)\begin{pmatrix}1\\3\end{pmatrix}=(1 \times 1+2 \times 3)=(7)$$

$1 \times 2$ 행렬 $\quad$ $2 \times 1$ 행렬 $\qquad\qquad\qquad$ $1 \times 1$ 행렬

$$(3\ 0)\begin{pmatrix}2 & 1\\1 & 2\end{pmatrix}=(3 \times 2+0 \times 1 \quad 3 \times 1+0 \times 2)=(6\ 3)$$

$1 \times 2$ 행렬 $\quad$ $2 \times 2$ 행렬 $\qquad\qquad\qquad\qquad\qquad$ $1 \times 2$ 행렬

지금까지는 행렬의 연산을 어떻게 하는지에 대하여 알아보았습니다. 그러면 이제 역행렬에 관하여 알아보도록 합시다. 역행렬은 그 용어에서 금방 느낄 수 있듯이 수에서 역수와 같은 역할

을 하는 것입니다. 정확한 정의를 살펴보자면 정사각행렬 A에 대하여 AX=XA=E를 만족시키는 행렬 X가 존재할 때 X를 A의 역행렬이라고 하고, A⁻¹로 나타내는 것입니다.

그렇다면 이러한 역행렬은 어떻게 구할 수 있는 것일까요? 역행렬은 항상 구할 수 있는 것일까요? 지금부터 차근차근 살펴봅시다. 먼저 2×2인 2차 정사각행렬의 경우에는 역행렬의 정의를 이용하여 유도해 낸 아래의 공식을 많이 이용한답니다. 소개하면 다음과 같습니다.

$$A=\begin{pmatrix} a & b \\ c & d \end{pmatrix} \rightarrow A^{-1}=\frac{1}{D}\begin{pmatrix} d & -b \\ -c & a \end{pmatrix} \text{ (단, } D=ad-bc \neq 0)$$

만약 $D=ad-bc$의 값이 0이 된다면 그 행렬의 역행렬이 존재하지 않는 것입니다. 따라서 2차 정사각행렬의 역행렬을 구할 때에는 D의 값을 먼저 확인해 보아야 합니다.

지금까지 간단히 행렬에 대하여 살펴보았습니다. 사실 행렬에 관한 내용은 몇 교시에 걸쳐 공부해도 부족할 만큼 알아 두어야 하는 정의, 정리, 성질 등이 많이 있습니다. 그러나 지금 행렬의 모든 내용을 다루는 것은 불가능하므로, 연립일차방정식을 행렬로써 풀기 위해 필요한 부분만 간단히 소개하도록 하겠습니다. 앞으로 여러분들이 좀 더 행렬에 대하여 알고 싶다면 행렬과 관련된 책을 기초부터 차근차근 살펴본다면 많은 도움이 되리라 생각이 됩니다.

그렇다면 지금부터는 행렬과 연립방정식이 어떤 관련이 있는지 미지수가 2개인 연립일차방정식의 경우로 설명해보도록 하겠습니다. 먼저 연립일차방정식은 행렬을 이용하여 다음과 같이 나타낼 수 있습니다. 지금까지 우리가 배운 행렬의 곱셈을 이해하였다면 다음의 식이 쉽게 이해될 것입니다.

$$① \begin{pmatrix} a & b \\ c & d \end{pmatrix}\begin{pmatrix} x \\ y \end{pmatrix} = \begin{pmatrix} p \\ q \end{pmatrix} \quad \Leftrightarrow \quad \begin{matrix} ax+by=p \\ cx+dy=q \end{matrix}$$

만약 $A = \begin{pmatrix} a & b \\ c & d \end{pmatrix}$, $X = \begin{pmatrix} x \\ y \end{pmatrix}$, $B = \begin{pmatrix} p \\ q \end{pmatrix}$라고 한다면 ①식은 AX=B라고 할 수 있을 것입니다. 또한 주어진 이 방정식을 푼다는 것은 AX=B를 만족시키는 행렬 X를 구하는 것을 말합니다. 만약 A의 역행렬이 존재한다면즉 $D=ad-bc \neq 0$이라면 A의 역행렬을 먼저 구한 다음 아래와 같이 식을 변형하여 우리가 구하고자 하는 X의

값을 찾으면 되는 것이지요.

$$A^{-1}(AX)=A^{-1}B \Rightarrow (A^{-1}A)X=A^{-1}B \Rightarrow X=A^{-1}B$$

예를 들어 주어진 연립일차방정식의 해를 행렬을 이용하여 구해 보도록 합시다. 주어진 연립방정식을 행렬로 바꾸면 아래와 같이 되겠지요.

$$\begin{array}{l}3x+2y=8\\2x-y=3\end{array} \Rightarrow \begin{pmatrix}3 & 2\\2 & -1\end{pmatrix}\begin{pmatrix}x\\y\end{pmatrix}=\begin{pmatrix}8\\3\end{pmatrix} \Rightarrow \begin{pmatrix}3 & 2\\2 & -1\end{pmatrix}^{-1}\begin{pmatrix}3 & 2\\2 & -1\end{pmatrix}\begin{pmatrix}x\\y\end{pmatrix}=\begin{pmatrix}3 & 2\\2 & -1\end{pmatrix}^{-1}\begin{pmatrix}8\\3\end{pmatrix}$$

$$\Rightarrow \begin{pmatrix}x\\y\end{pmatrix}=\begin{pmatrix}3 & 2\\2 & -1\end{pmatrix}^{-1}\begin{pmatrix}8\\3\end{pmatrix}$$

행렬 $\begin{pmatrix}x\\y\end{pmatrix}$을 찾기 위해 먼저 $\begin{pmatrix}3 & 2\\2 & -1\end{pmatrix}$의 역행렬이 존재하는지 확인하고, 존재한다면 그 역행렬을 구하도록 합시다.

$$D=ad-bc=3\times(-1)-2\times2=-7\neq0$$

−7은 0이 아니므로 역행렬이 존재하고 그것을 구하면 다음과 같습니다.

$$\begin{pmatrix}3 & 2\\2 & -1\end{pmatrix}^{-1}=-\frac{1}{7}\begin{pmatrix}-1 & -2\\-2 & 3\end{pmatrix}=\frac{1}{7}\begin{pmatrix}1 & 2\\2 & -3\end{pmatrix}$$

역행렬을 구했으므로 X의 값을 구하기 위해 X=A⁻¹B 식에 대입하면,

$$\binom{x}{y}=\frac{1}{7}\begin{pmatrix} 1 & 2 \\ 2 & -3 \end{pmatrix}\binom{8}{3}=\frac{1}{7}\begin{pmatrix} 1\times8 + & 2\times3 \\ 2\times8 + & (-3)\times3 \end{pmatrix}=\frac{1}{7}\binom{14}{7}=\binom{2}{1}$$

따라서 $\binom{x}{y}=\binom{2}{1}$이므로 위의 연립일차방정식의 해는 $x=2$, $y=1$ 임을 알 수 있습니다.

이렇게 주어진 2×2행렬의 역행렬이 존재해서 그 역행렬을 이용하여 해를 구하는 경우를 잘 살펴보니 다음과 같은 특징을 갖고 있음을 알 수 있습니다. 잘 기억해 두면 좋겠지요?

$$\begin{cases} ax+by=p \\ cx+dy=q \end{cases} \Rightarrow \begin{pmatrix} a & b \\ c & d \end{pmatrix}\binom{x}{y}=\binom{p}{q}$$

$ad-bc \neq 0$일 때, $\dfrac{a}{c} \neq \dfrac{b}{d}$ ⇨ 단 하나의 해를 구할 수 있다.

지금까지 2×2 정사각행렬에서 A⁻¹이 존재하는 경우 D≠0인 경우 행렬을 통해 연립일차방정식의 해를 구하는 방법에 대하여 알아보았습니다.

그렇다면 A⁻¹이 존재하지 않는 경우 즉 D=0인 경우는 주어진 연립일차방정식을 어떻게 해결해야하는 것일까요? 간단히 말해서 D=0인 경우는 $\begin{pmatrix} x \\ y \end{pmatrix} = \dfrac{1}{D}\begin{pmatrix} d & -b \\ -c & a \end{pmatrix}\begin{pmatrix} p \\ q \end{pmatrix}$와 같은 공식을 이용하여 구할 수는 없습니다. 이러한 경우는 해가 무수히 많거나 해가 없는 경우에 해당합니다. 그 내용을 정리해 보면 다음과 같습니다.

$$\begin{cases} ax+by=p \\ cx+dy=q \end{cases} \Rightarrow \begin{pmatrix} a & b \\ c & d \end{pmatrix}\begin{pmatrix} x \\ y \end{pmatrix} = \begin{pmatrix} p \\ q \end{pmatrix}$$

$ad-bc=0$일 때, $\dfrac{a}{c} = \dfrac{b}{d} = \dfrac{p}{q}$ ⇨ 해가 무수히 많다.

$ad-bc=0$일 때, $\dfrac{a}{c} = \dfrac{b}{d} \neq \dfrac{p}{q}$ ⇨ 해가 없다.

지금까지는 미지수가 2개인 연립일차방정식을 행렬로 해결하는 방법에 대하여 알아보았습니다. 미지수가 2개인 연립일차방정식을 2×2 행렬의 형태로 바꾼 후, 그 행렬의 역행렬을 이용하여 해를 구할 수 있었지요. 또 역행렬이 존재하지 않는 경우는 해가 무수히 많거나 해가 없는 경우에 해당한다는 것도 알 수 있었습니다.

그렇다면 미지수 3개인 연립일차방정식의 경우에는 어떻게 해결할까요? 미지수가 3개인 경우는 미지수가 2개인 경우와 마찬가지로 대입법, 가감법, 등치법으로 풀 수 있습니다. 그러나 세 개의 문자 중 하나의 문자를 먼저 소거하여 미지수가 2개인 경우처럼 만들어 준 다음 다시 한 번 또 다른 하나의 미지수를 소거하여 연립일차방정식을 해결합니다. 미지수가 3개인 연립일차방정식의 경우 가감법이 주로 사용되므로 가감법으로 예를 들어 봅시다.

① $2x+y+z=16$

② $x+2y+z=9$

③ $x+y+2z=3$

이 방정식에서는 미지수가 $x$, $y$, $z$ 3개이므로 하나의 문자를 먼저 소거하여 미지수가 2개인 연립일차방정식의 형태로 바꾸어 준, 다음 지난 시간에 배웠던 방법처럼 또 다시 하나의 문자를 소거하여 값을 찾아 갑니다. 실제로 풀어 봅시다. 이 문제의 경우는 세 개의 식을 이용하여 문자 $z$를 먼저 소거하는 것이 좋을 것 같네요. 먼저 ①식에서 ②식을 빼 봅시다.

$$① \quad \rightarrow \quad 2x+\ y+z=16$$

$$② \quad \rightarrow \quad -)\ x+2y+z=9$$

$$x+(-y)\ =7\ \cdots ④$$

가감법을 이용하여 ①식에서 ②식을 뺀 결과 $x-y=7$이라는 식이 되었네요. 이 식을 ④라고 합시다. 그리고 또 다시 ②식과 ③식을 이용하여 $z$를 소거해 봅시다. $z$를 소거하기 위해서는 ②식에 2를 곱하여 ③식을 빼 주면 되겠네요.

$$②\times 2 \quad \rightarrow \quad 2x+4y+2z=18$$

$$③ \quad \rightarrow \quad -)\ x+\ y+2z=3$$

$$x+3y\quad =15\ \cdots ⑤$$

가감법을 이용한 결과 $x+3y=15$라는 식이 되었습니다. 이제 이 식을 ⑤라고 합시다. 지금 우리가 구해 놓은 ④식과 ⑤식을 정리해서 써 보면 다음과 같습니다.

④ $x-y=7$

⑤ $x+3y=15$

이제 우리가 배웠던 미지수가 2개인 연립일차방정식이 되었지요? 그러면 또 다시 가감법을 이용하여 방정식의 해를 구해 봅시다. ④식에서 ⑤식을 빼면 $x$가 쉽게 소거되겠네요.

$-4y=-8$이므로 양변에 $-\frac{1}{4}$를 곱해 주면 $y=2$임을 알 수 있습니다. 그러면 이 값을 ④식또는 ⑤식에 대입하여 $x$의 값을 구합니다. 자, 그러면 ④식에 $y=2$를 대입해 보면 $x-2=7$이고 $(-2)$를 이항하면 $x=9$가 됩니다. 이제 $x=9$, $y=2$임을 알았으니 원래 주어졌던 ①, ②, ③ 식 중 아무 식에나 $x$, $y$의 값을 대입하면 $z$의 값을 구할 수 있습니다. 한번 ①식에 대입해 볼까요? 어떤 식에 대입하여도 같은 값이 나오므로 상관없습니다.

$2x \ +y+z=16$

$2(9)+2+z=16$

$18 \ +2+z=16$

$z=-4$

$z=-4$가 되네요. 자 그럼 미지수가 3개인 연립일차방정식

① $2x+y+z=16$

② $x+2y+z=9$

③ $x+y+2z=3$

의 해는 $x=9$, $y=2$, $z=-4$가 되는 것을 알 수 있겠지요?

미지수가 3개인 경우의 연립일차방정식의 풀이 방법이 미지수가 2개인 경우와 크게 다르지 않다는 것을 알 수 있지요? 단지 소거해야 하는 미지수가 많아져서 그 절차가 한 번 더 있다는 것뿐입니다. 나머지 대입법과 등치법도 마찬가지로 한 문자를 먼저 소거하여 미지수가 2개인 연립일차방정식으로 만들어 준 다음 다시 한 번 그러한 과정을 반복하면 됩니다.

그러면 미지수가 3개인 경우 행렬을 이용한 풀이 방법은 어떻게 될까요? 이것도 역행렬을 이용하여 해결할까요? 그렇지 않습니다. 사실 미지수가 3개인 경우는 역행렬을 구할 수는 있지만 그 풀이 과정이 매우 복잡하여 잘 사용하지 않습니다. 지금부터 소개하고자 하는 가우스 소거법은 미지수가 2개, 3개, 4개, 5개, …$n$개인 연립일차방정식에 모두 사용될 수 있는 매우 편리한 방법입니다. 가우스 소거법을 소개하기 위해서는 먼저 알고 있어야 하는 행렬의 기본 변형에 대한 내용이 있습니다. 행렬의 기본 변형은 다음 세 가지 조작을 말합니다.

① 한 행에 0이 아닌 상수를 곱한다.
② 한 행에 어떤 수를 곱한 것을 다른 행에 더한다.
③ 두 행을 바꾸어 놓는다.

지금 소개한 행렬의 기본 변형을 잘 기억하고 있어야만 가우스 소거법을 잘 이해하고 따라올 수 있습니다. 자, 다시 한 번 읽어보고 기억하도록 합시다.

그렇다면 가우스 소거법이란 무엇일까요? 행렬의 기본 변형을

디오판토스가 들려주는 일차방정식 이야기

필요한 만큼 사용하여 연립방정식의 계수로 이루어져있는 행렬을 단위행렬로 바꾸어 그 해를 구하는 것을 말합니다.

간단히 수식으로 정리해 볼까요?

$$\begin{pmatrix} a & b \\ c & d \end{pmatrix}\begin{pmatrix} x \\ y \end{pmatrix}=\begin{pmatrix} p \\ q \end{pmatrix} \;\Rightarrow\; \begin{pmatrix} 1 & 0 \\ 0 & 1 \end{pmatrix}\begin{pmatrix} x \\ y \end{pmatrix}=\begin{pmatrix} r \\ s \end{pmatrix} \;\Rightarrow\; \begin{pmatrix} x \\ y \end{pmatrix}=\begin{pmatrix} r \\ s \end{pmatrix}$$

행렬의 기본 변형을
필요한 만큼 실시

가우스 소거법을 소개하기 위해 하나의 예를 먼저 살펴보도록 합시다. 방정식의 계수들을 행렬로 배열하고 그 오른쪽에 우변 값을 적습니다. 그러면 3행 4열로 이루어진 $3\times4$행렬이 됩니다.

① $2x+y+z=16$

② $x+2y+z=9$  $\Rightarrow$

③ $x+y+2z=3$

1행 ➤

2행 ➤

3행 ➤

$$\begin{pmatrix} 2 & 1 & 1 & \vdots & 16 \\ 1 & 2 & 1 & \vdots & 9 \\ 1 & 1 & 2 & \vdots & 3 \end{pmatrix}$$

1열 2열 3열   4열

이러한 행렬을 만든 다음 대각선에 위치한 성분들만 1이고 나머지는 0인 단위행렬로 바꾸어 줍니다. 이렇게 단위행렬로 바꾸어 주기 위해서는 위에서 소개하였던 행렬의 기본 변형을 적절히 이용합니다. 자, 그럼 가우스 소거법을 실제로 해 봅시다.

$$
\begin{pmatrix} 2 & 1 & 1 & \vline & 16 \\ 1 & 2 & 1 & \vline & 9 \\ 1 & 1 & 2 & \vline & 3 \end{pmatrix}
\quad\xrightarrow[\text{1행과 2행을 바꿈}]{\text{1행 1열을 1로 만들기 위해}}\quad
\begin{pmatrix} 1 & 2 & 1 & \vline & 9 \\ 2 & 1 & 1 & \vline & 16 \\ 1 & 1 & 2 & \vline & 3 \end{pmatrix}
$$

2행 1열, 3행 1열을 0으로 만들기 위해

1행×(−2)와 2행을 더함
1행×(−1)과 3행을 더함

$$
\begin{pmatrix} 1 & 2 & 1 & \vline & 9 \\ 0 & -3 & -1 & \vline & -2 \\ 0 & -1 & 1 & \vline & -6 \end{pmatrix}
\quad\xrightarrow[\substack{\text{2행×(−1)}\\\text{3행×(−1)}}]{\text{2행과 3행의 2열을 양수로 만들기 위해}}\quad
\begin{pmatrix} 1 & 2 & 1 & \vline & 9 \\ 0 & 3 & 1 & \vline & 2 \\ 0 & 1 & -1 & \vline & 6 \end{pmatrix}
$$

2행 2열을 1로 만들기 위해

2행과 3행을 바꿈

$$
\begin{pmatrix} 1 & 2 & 1 & \vline & 9 \\ 0 & 1 & -1 & \vline & 6 \\ 0 & 3 & 1 & \vline & 2 \end{pmatrix}
\quad\xrightarrow[\substack{\text{2행×(−3)과}\\\text{3행을 더함}}]{\text{3행 2열을 0으로 만들기 위해}}\quad
\begin{pmatrix} 1 & 2 & 1 & \vline & 9 \\ 0 & 1 & -1 & \vline & 6 \\ 0 & 0 & 4 & \vline & -16 \end{pmatrix}
$$

3행 3열을 1로 만들기 위해

3행에 $\frac{1}{4}$ 을 곱함

$$
\begin{pmatrix} 1 & 2 & 1 & \vline & 9 \\ 0 & 1 & -1 & \vline & 6 \\ 0 & 0 & 1 & \vline & -4 \end{pmatrix}
\quad\xrightarrow[\substack{\text{2행×(−2)를}\\\text{1행에 더함}}]{\text{1행 2열을 0으로 만들기 위해}}\quad
\begin{pmatrix} 1 & 0 & 3 & \vline & -3 \\ 0 & 1 & -1 & \vline & 6 \\ 0 & 0 & 1 & \vline & -4 \end{pmatrix}
$$

1행 3열과 2행 3열을 0으로 만들기 위해

3행을 2행에 더하고 3행×(−3)을 1행에 더함

$$
\begin{pmatrix} 1 & 0 & 0 & \vline & 9 \\ 0 & 1 & 0 & \vline & 2 \\ 0 & 0 & 1 & \vline & -4 \end{pmatrix}
$$

디오판토스가 들려주는 일차방정식 이야기

우리가 구한 행렬을 다시 방정식의 형태로 바꾸어 주면

$$\begin{pmatrix} 1 & 0 & 0 & | & 9 \\ 0 & 1 & 0 & | & 2 \\ 0 & 0 & 1 & | & -4 \end{pmatrix} \longrightarrow$$

① $x+0y+0z=9$

② $0x+y+0z=2$

③ $0x+0y+z=-4$

즉 $x=9$, $y=2$, $z=-4$인 해를 구할 수 있습니다. 이 값은 우리가 가감법이나 대입법을 이용하여 연립방정식의 해를 구한 것과 똑같습니다.

지금까지 미지수가 3개 이상인 경우 가우스 소거법을 이용하여 연립일차방정식의 해를 구하는 방법에 대하여 살펴보았습니다. 연립방정식의 해를 구하기 위해 미지수가 2개인 경우는 가감법, 대입법, 등치법, 역행렬을 이용한 방법이, 미지수가 3개인 경우는 가감법, 대입법, 등치법, 가우스 소거법이, 마지막으로 미지수가 4개 이상인 경우는 가우스 소거법이 주로 사용된다는 것을 알 수 있었습니다. 또한 미지수의 개수뿐 아니라 주어진 문제가 요구하는 상황과 조건에 맞게 여러 가지 방법 중에서 적절한 것을 선택하여 해를 구할 수 있도록 각각의 방법을 잘 익혀 두어야 할 것입니다.

지금까지 우리는 10교시에 걸쳐 일차방정식에 대하여 공부해 보았습니다. 문자가 사용된 식과 그러한 식의 계산, 등호가 포함된 등식의 개념과 등식의 성질, 일차방정식의 개념, 미지수가 1개, 2개, 3개 여러 개인 경우 그러한 방정식을 해결하는 방법, 일차방정식 및 연립일차방정식의 역사, 일차방정식의 실생활 활용, 일차방정식 또는 연립일차방정식의 그래프적 의미, 연립일차방정식과 행렬 등을 배웠습니다.

한 번에 기억하기에는 좀 내용이 많고 어려울 수 있지만 앞으로 더욱 어려운 수학을 공부하는 데에 밑거름이 되는 매우 중요한 내용이므로 개념을 잘 이해하고 실제로 많이 풀어 보는 연습이 필요합니다. 그리고 일차방정식을 내 지식으로 만드는 노력을 아끼지 말아야 할 것입니다. 처음에 만났던 게 엊그제 같은데 벌써 일차방정식 강의를 마무리 지어야 하네요. 아쉽지만 일차방정식으로의 여행은 여기까지 하고 이만 아쉬운 작별을 해야겠네요. 앞으로 더욱 흥미진진한 수학으로 여행을 떠날 여러분의 건투를 빌겠습니다.

디오판토스가 들려주는 일차방정식 이야기

## 열번째
# 수업 정리

**1** 미지수가 2개인 연립일차방정식은 행렬을 이용하여 다음과 같이 나타낼 수 있습니다.

$$\begin{matrix} ax+by=p \\ cx+dy=q \end{matrix} \Leftrightarrow \begin{pmatrix} a & b \\ c & d \end{pmatrix}\begin{pmatrix} x \\ y \end{pmatrix} = \begin{pmatrix} p \\ q \end{pmatrix}$$

$\Leftrightarrow AX=B$ 단, $A=\begin{pmatrix} a & b \\ c & d \end{pmatrix}$, $X=\begin{pmatrix} x \\ y \end{pmatrix}$, $B=\begin{pmatrix} p \\ q \end{pmatrix}$

**2** 미지수가 2개인 연립일차방정식을 행렬로 푸는 방법

① 역행렬이 존재하는 경우 $\Leftrightarrow D=ad-bc \neq 0$

$AX=B \Rightarrow A^{-1}(AX)=A^{-1}B \Rightarrow (A^{-1}A)X=A^{-1}B \Rightarrow X=A^{-1}B$이므로 $A^{-1}$를 구해서 X의 값을 구합니다.

② 역행렬이 존재하지 않는 경우 $\Leftrightarrow D=ad-bc=0$

해가 무수히 많은 경우 또는 해가 존재하지 않는 경우에 해당합니다.

### ❸ 미지수가 3개인 연립방정식의 풀이 방법

① 대입법

방정식을 한 미지수에 관하여 풀어서 다른 방정식에 대입하여 미지수가 2개인 연립방정식 2개를 구해 또 다시 그러한 방법을 한 번 더 반복하여 해를 구하는 방법입니다.

② 등치법

한 문자에 대하여 풀어 그것을 같다고 놓고 한 미지수를 소거하여 미지수가 2개인 연립방정식을 만든 후 또 다시 그러한 방법을 반복하여 한 문자의 값을 구하고 그 값을 대입해 가면서 나머지 문자의 값을 찾아 해를 구하는 방법입니다.

③ 가감법

세 개의 미지수 중 하나를 소거하여 미지수가 2개인 연립방정식으로 만든 후, 또 다시 가감법이나 대입법을 이용하여 또 다른 한 문자를 소거하여 남아있는 한 문자의 값을 구하고 그 값을 역으로 대입해 가면서 나머지 문자의 값을 찾아 해를 구합니다.

**④** 행렬을 이용한 가우스 소거법

행렬의 기본 변형을 필요한 만큼 사용하여 연립방정식의 계수로 이루어져있는 행렬을 단위행렬로 바꾸어 그 해를 구하는 것을 말합니다.

$$\begin{pmatrix} a & b \\ c & d \end{pmatrix}\begin{pmatrix} x \\ y \end{pmatrix} = \begin{pmatrix} p \\ q \end{pmatrix} \implies \begin{pmatrix} 1 & 0 \\ 0 & 1 \end{pmatrix}\begin{pmatrix} x \\ y \end{pmatrix} = \begin{pmatrix} r \\ s \end{pmatrix} \implies \begin{pmatrix} x \\ y \end{pmatrix} = \begin{pmatrix} r \\ s \end{pmatrix}$$

↑
행렬의 기본 변형을
필요한 만큼 실시